阅读建筑

Reading Architecture

张钦楠　著

中国建筑工业出版社

图书在版编目（CIP）数据

阅读建筑 /张钦楠著. —北京：中国建筑工业出版社，2014.8
ISBN 978-7-112-16811-8

Ⅰ.①阅… Ⅱ.①张… Ⅲ.①建筑学 Ⅳ.①TU-0

中国版本图书馆CIP数据核字（2014）第095720号

本书是作者另一本著作《阅读城市》的姐妹篇。与阅读城市的同时，当然也离不开阅读城市的“细胞”——建筑。然而，当阅读对象从“宏观”的“城市”转向“微观”的“建筑”时，作者发现其阅读方法也随之变化。因此，作者在《阅读建筑》中，通过对国内外古今二十几栋建筑，从微观角度探讨了建筑与文化的互动关系。全书分三个部分：

第一部分选择从埃及金字塔开始到21世纪初哈迪德的《未来宣言》等各历史时期具有代表性的建筑来探讨其文化意义，并通过它们来理解建筑的时代与地域精神。

第二部分选择对从中国汉代的台阙建筑到当代亭阁进行观察，试图理解梁思成教授对我国古建筑的“豪劲、醇和、羁直”三阶段的风格演变过程，并探讨中国进入现代后建筑发展的主要特征。

第三部分作者用自己对现象学的理解，来阐述“阅读”建筑的基本方法。

本书对于当前的生态城市建设实践和城市规划工作改革具有一定的借鉴意义，对我国建筑师、城市规划师，相关专业在校师生，对建筑历史、建筑理论感兴趣的普通读者都具有很好的参考借鉴作用。

责任编辑：董苏华
责任校对：李美娜　关　健

阅读建筑
张钦楠　著
*
中国建筑工业出版社出版、发行（北京西郊百万庄）
各地新华书店、建筑书店经销
北京嘉泰利德公司制版
北京顺诚彩色印刷有限公司印刷
*
开本：880×1230毫米　1/32　印张：$7\frac{1}{4}$　字数：186千字
2015年3月第一版　2015年3月第一次印刷
定价：**58.00**元
ISBN 978-7-112-16811-8
(25605)

前　言

沉寂的建筑在向我们诉说什么？*

每当我见到一个人——男的、女的、高的、矮的、胖的、瘦的——我通过他（她）的容貌和体态来识别他（她）和记住他（她），但是我从来没有问过他（她）为何长得这样，尽管我知道有基因在“作怪”。但是，每当我看到一幢建筑时，却总要问一下，谁造了它？它为什么是这个长相？即使是很平庸的建筑，我也知道它是出诸某平庸者之手。丘吉尔说，“人造就建筑，建筑造就人”，一点没错。

有意思的是，沉寂的建筑也总是在对人们诉说自己的衷情。它试图告诉我们，是谁建造了它，又为什么把它塑造成这个样子，乃至连塑造者的哲学和宗教观点、文化修养、艺术情趣、财产状况等都通过它的外表和内部透露给你，这就是所谓“信息”。平庸的建筑信息量最少，而卓越的建筑则几乎每个角落都在发出信息。这样，我就可以通过建筑与它的建造者（即使是几百甚至几千年前去世的人或人们）进行文化交流。

传说中，狮身人面像（斯芬克斯）问俄狄浦斯，什么东西幼年四条腿、长大两条腿、老年三条腿？聪明的俄狄浦斯回答说是人。在我看来，俄狄浦斯当时应当反问，阁下何以有此长相？几千年后的20世纪，我站在斯芬克斯面前，向他（她？它？）提出了这个问题。他（她？它？）以沉寂回答我，意思好像是：如果你见了我还不知道，你就是个笨蛋。我也只好自己承认如此，败下阵来。

*本文曾在《文汇报·笔会》发表，这里作了些增减。

于是我领会到：沉寂的建筑无时无刻不在向人发出各种信息，罗马的凯旋门、圆明园的废墟、华盛顿的越战死亡者纪念碑等等……无不如此。人们说“建筑是时代的镜子”，妙就妙在这面镜子能把它所收到的文化信息，长期地储存起来，让后代的有心人去接收。但是你必须去“阅读”它，通过它去跨越时间和空间，与遥远的人们对话。这是件极有意义的“阅读”，只有那些平庸的人，才会想到把那些宝贵的信息源用槌子和推土机铲去，来满足自己平庸的政绩观。

我读过一本关于瑞士心理学家卡尔·荣格（Carl G. Jung）的传记，其中描述了荣格如何随着自己观念的发展和演变来改造和扩建自己的住屋，直至最后，当他探索灵魂这个主题时，他在顶层给自己添加了一间书房，以期达到升华的境界。具体的情节已记不清了，但在当时它确实向我最清晰地阐明了丘吉尔的名言。事实上，建筑往往与人一起成长，建筑中熔铸了它的创作者与使用者的灵魂。

[荣格在他的《人与他的符号》（Man and His Symbols，Dell，1968年）一书中采用了由画家詹姆士·瑟伯所作的漫画：一个怕老婆的男人“把自己的家与他的老婆视为一物”，每当他走近家门时，住房就变成虎视眈眈的妻子在等候着他。]

图 0-1　詹姆士·瑟伯的漫画

有了这种对建筑的意识，我的生活就发生了变化。每当我行走在路上时，周边的房屋就像都在与我打招呼，要和我攀谈。特别是那些被画上“拆”字的旧房，就像即将上刑场那样地急于向我诉苦，很自然，它们每一栋都有自己的生命嘛。这使我想起在莫斯科的一个经历：当我坐在莫斯科河的边上，对岸那栋“鬼屋”的窗口好像都有人站着，他们是那些被斯大林处决的苏共中央委员，他们深沉无声的面容让我恐怖。这就是阅读建筑带来的一种感受。

要真正理解一栋建筑，就必须在“阅读”上下工夫，除了实地的观察外，还需要从阅读有关书本、图片上去了解它的历史，包括它的创造者——建筑师——的生平与观点。有时，后者的阅读甚至比直接观察还重要。正像我们不可能认识每一个路人一样，我们也不可能真正了解自己见过的每一栋建筑。事实上，一个人在一生中，能下工夫认真“阅读”几栋至几十栋建筑，就算很不错了。

即使这样，我仍然主张我们这些“凡人”在此生此世，能“阅读”几座城市，“阅读”几栋建筑（即使只是从书本上），就像阅读几部莎士比亚的戏剧、几首杜甫、李白的诗、几篇韩愈、柳宗元的文章一样，你会体验到少有的文化熏陶和精神享受，使你的生命更加丰富多彩。

目 录

第二部分　国内建筑

第三部分　用现象学阅读建筑

第一部分　国外建筑

欧洲建筑风格演变年代	中国相应年代
古埃及时代 公元前 3150—前 3130 年	夏、商 公元前 21—前 11 世纪
古典希腊时代 公元前 800—前 323 年	西、东周 公元前 11 世纪—前 221 年
罗马帝国时代 公元前 27—公元 470 年	秦、两汉、三国 公元前 221—公元 265 年
	两晋、南北朝 公元 265—589 年
罗马风时代 公元 750（有争议）—1250 年	隋、唐、五代十国 公元 581—960 年
哥特风格时代 公元 1130—1500 年	两宋、辽、金 公元 960—1279 年
文艺复兴时代 公元 1420—1620 年	元、明 公元 1271—1644 年
巴洛克与洛可可时代 公元 1600—1780 年	清 公元 1644—1911 年
新古典主义时代 公元 1750—1840 年	
现代主义时代 公元 1900—	中华民国 公元 1911—1949 年
	中华人民共和国 公元 1949—

金字塔与窣堵坡

001

——它们要显示什么？

1947年，我16岁。国内一片动乱，父母决定不等我中学毕业就送我去美国读书。在出国前，母亲说你多看看中国，以后没太多机会了。于是让我去南京一游。我在玄武湖泛舟，到中山陵朝拜国父，最后到明孝陵。当我隔了一个铁栅门看里面的坟堆时，忽然发了一个奇愿：

“今世不见金字塔，此生虚度！”

以后是半个世纪的风风雨雨，少年时的誓愿早就忘了。到20世纪末当我决定退出历史舞台时，忽然有机会可以去埃及参加一次会议。也许是“上帝”的恩赐吧，我马上抓住这个机会与老伴前往（见拙作《阅读城市》，北京：三联书店，2004年）。

一个星期天，我们和深圳大学的许安之教授同去开罗郊外的吉萨金字塔。当我从汽车上看到沙漠中朦胧地出现三座锥形塔时，想起了当时的誓言，潸然泪下。也许是太兴奋了，在走下金字塔时，竟跌了一跤。虽然不是重伤，却像是法老给我提出了某种警告。

图1-1　开罗吉萨金字塔（率琦　摄）

图 1-2　在狮身人面像前

我拖了跛脚走到狮身人面像前，向她致敬。转过身来看眼前的三座塔，忽然觉得它们隐含着莫大的秘密，法老给我提出某种警告只是秘密之一。身后的狮子在问我：

“你能识破我们的秘密吗？”

在我无以回答时，狮身人面像并没有吞噬我，把问题留给我在有生之年慢慢琢磨。

回国后，我用《易经》给自己算了一卦，得“小过”，艮下震上，《卦辞》曰：“飞鸟遗之音，宜下，不宜上。”想起那狮身人面兽本来是有翅膀的，算是“飞鸟”吧，她向我传达了法老的警告：“宜下不宜上”，正符合我退出舞台之愿望，于是就在已退的“官职”之外，卸退了各项“准官职”（但也有一二项推不掉的），守庐读书 10 年，得益不少。因而把飞鸟、法老视为良师挚友，感激不尽。

[特此声明：本人在此没有宣传“算命”之意。事实上，我发现，由于《易经》概括了古人对自然、社会、个人生活发展规律的认识，于是不论你抓到哪个卦，都可以从中取得某种启示或警示，即所谓“诚则信，信则灵”，没什么神秘。对我来说，《易经》是一个生活伴侣，随时给我提供生活启示。]

在此期间，我翻阅了一些关于金字塔的书，知道原来探索它神秘意义者大有人在，五花八门的解释无奇不有。我最佩服的是诺伯格－舒尔茨的《西方建筑的意义》一书中对金字塔的历史和意义的阐释。然而我始终念念不忘自己从汽车中首次朦胧地看到那三座塔时的感受，总感到需要自己去解剖它的秘密。就像学生作题，尽管老师已有了最标准、最佳的答案，学生还得自己做一遍。阅读建筑也是如此，何况金字塔是人类最古老的纪念建筑，如果我回答不了这个课题，此生真是虚度了。

暂时放下金字塔，说窣堵坡。因为后者是帮助我理解金字塔秘密的一把钥匙。

窣堵坡（stupa）起源于印度－尼泊尔一带的佛教社会，传到西藏，北京的白塔寺就是由尼泊尔建筑师阿尼哥带来的一种形式。

我最早是在 1963 年参加援尼泊尔专家组时参观了加德满都的博大哈窣堵坡。我当时受“宗教是鸦片”思想的影响，对它并不重视，感到它像是个游乐场里的招牌。

到我年过八旬，居然有机会第二次访问尼泊尔时，我却迫不及待地要再去访问它，向它请罪，并试图阅读它、理解它。

图 1–3　蓝毗尼的早期窣堵坡

图 1-4 不丹国巴罗大庙前的窣堵坡

我在尼泊尔的蓝毗尼（释迦牟尼出生地）看到早期的窣堵坡。它是一些佛教高僧的墓地，有的用砖砌成一个圆台，比土堆要考究一些。那大约是公元前 5 世纪的事。

据说释迦牟尼圆寂后，留下的舍利埋在 8 个窣堵坡中，阿育王把它们拆了，在各地修造了几万座窣堵坡，以纪念佛祖，并扩散佛教。由此出现了众多窣堵坡的形式，其性质也从墓葬演变为礼拜建筑。这是公元前 3 世纪左右的事。

在不丹的国家博物馆中，我看到一幅图和注解，声称不丹在公元 3 世纪就形成了我们今天在北京白塔寺看到的那种塔形窣堵坡。今天在不丹的巴罗市郊外，有公元 7 世纪西藏王松赞干布建造的大庙，它的正面就有两座白色的塔形窣堵坡。这些窣堵坡已经是比较成形的宗教礼拜神座了。

图 1-5 尼泊尔加德满都博大哈窣堵坡

然而，这种塔形并不

图 1-6　尼泊尔加德满都苏瓦扬布窣堵坡

图 1-7　曼荼罗图案与平台

是窣堵坡的唯一形式。作为礼拜神座，还出现了一种类似埃及金字塔的巨型结构。就是我所看到的尼泊尔加德满都的博大哈佛塔（Boudnath Stupa，又译觉如来庙），它建于公元5世纪（一说是14世纪）。正是它给我提供了理解埃及金字塔秘密的钥匙。

其实，博大哈在当地并不是最老的窣堵坡，更老的是距今两千年前出现在加德满都西郊一座小山上的苏瓦扬布神庙（又译自在如来庙）。

据说，加德满都河谷原来是一个湖。多年前，文殊菩萨来到此地，用宝剑在山口劈了一个缝，湖水泄出后，原来浮在水面上的一朵荷花停留在小山上，自己变成了一座窣堵坡，就是现在的苏瓦扬布庙。

我因为年老体衰，无力爬到山顶。只能在地面上礼拜晚几百年建成的、位于市内的博大哈庙。从图片上看，苏庙简单含蓄，有点类似金字塔的缄默和神秘，而博庙"花样"多，"透明度"大，向人们透露了许多"秘密"。

博大哈可以从下到上分成三大层次，每层都包含众多象征意义。最底下的是三层逐步缩小的曼荼罗（mandala）平台。这是盛行于印度教与佛教的一种艺术形态，它由围绕一个中心的一方一圆组成图案。方形边界像一圈围墙那样地包围着里面的圆形，在它的东南西北各开一门，就像一座城市（我们的北京似乎也脱胎

图1-8 "眼"与"1"

图 1-9　苏瓦扬布窣堵坡顶上的 13 级圆盘

于此）。据说，它象征的是一块“神圣的土地”。因此，在博大哈，这三层曼荼罗平台就象征了大地。

平台之上，有一覆钵形的大型半圆穹体，也就是窣堵坡的主体。用我们的土话来说，就像一个大馒头，据说里面塞满了各种神物（但没有金银珠宝，否则早被盗空了）。关于它的象征，有各种说法（例如有一种说法，称它为“创世的子宫”）。但据我理解，它就代表了天体 - 宇宙。

在馒头顶上，有一个尖塔。它又有三个层次：底下是一个方盒，每个立面上都画有一双大眼睛，神秘兮兮地视察着人间世界。眼睛底下是一个问号似的鼻子，但文献马上告诉我们：它们不是问号，而是尼泊尔文中的“1”字。于是神秘感就大大减弱，原来人们以为的问号却是答案：告诉你天地合为一体。

方盒之上是 13 级圆或方盘。在苏瓦扬布庙，用的是金光闪闪的圆环；在博大哈，用的是洁白的石阶。这里也没有什么神秘，因为佛经早告诉我们：要达到大觉大悟，要经历 13 个会合。

在 13 级之上是窣堵坡的顶峰，可以是一个金盘，也可以是个帽盖，总之，它象征功德圆满，大觉大悟。

这就是窣堵坡的意义：一个告诫人们信奉天地的合一，用自己的努力经过 13 层次的轮回达到大觉大悟的生命历程。本来这 4 对眼睛和下面的鼻子可以引起无数遐想，如今被它解释得一清二楚，对我来说，就不那么好玩了。

但是，它却给了我去解答金字塔秘密的一把钥匙。主要是它用以引起人们崇敬心理的两大建筑手段：庞大的几何性主体以及附带的人性化的象征性符号，使我想起了埃及的金字塔。

我于是试图回答“飞鸟”给我提出的问题：金字塔的秘密是什么？

为此，我必须回答两个问题：一，金字塔显示了什么？二，人们为什么要建造它？

对第一个问题，我的回答是：金字塔表达了神权对“永恒”的追求。

它是通过多种途径来表达“永恒”的，主要有四：

1. 意念的表达：埃及人得天独厚，尼罗河定期的涨落，肥沃了她的土地，也使她在多变的世界中看到了不变（永恒）的规律，人们只要遵循这些规律，就可以取得生存与发展。法老们建造巨型的金字塔，就是试图建造一个浓缩的宇宙（天地合一），让自己的墓穴能在这里得到永生。

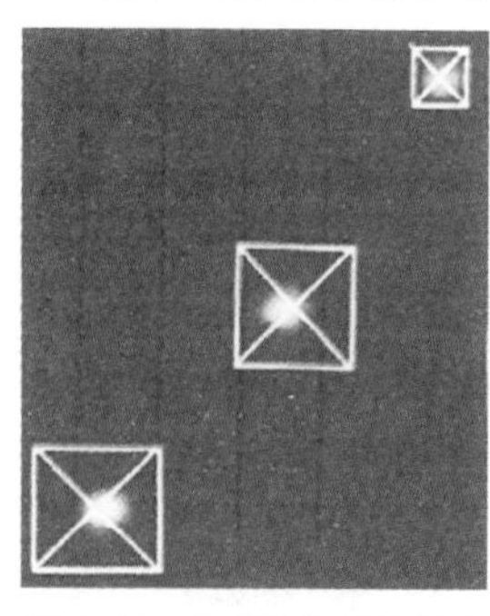

图 1-10　金字塔与奥里昂三星的位置对应

2. 天体的表达：古埃及人很早就对日月星辰有长期的观察，掌握它们的方位变化与农业的关系。有的学者指出：狮身人面像（我的“飞鸟”）、吉萨三塔与尼罗河之间的相对位置，恰好等同于公元前一万年时里奥、奥里昂三星（猎人座）与银河之间在天空的相对位置（图 1-10），从而赋予这些人造物与天体之间的呼应性。

图 1-11 金字塔与“数”（率琦 摄）

3. 几何的表达：与天文知识一致，古埃及人对数学原理的掌握也是很高超的，因而能建造出像金字塔那样巨型而又极其精致的建筑物。现代人发现：吉萨金字塔的方位是根据正北（而不是磁北）确定的，平均误差不到 12 秒。它的底部四周之长与高之比恰好是数学上的 2π（误差 0.05%）。塔的底长与高度之比为 1.57，相当于我们常说的“黄金比例”。无怪乎希腊的数学 / 哲学鼻祖毕达哥拉斯就在埃及学习过[罗素说“他的大部分智慧都是在那里(指埃及) 学得的”]。他继承了他们的神秘主义，提出“万物皆是数”的原理。

事实上，埃及金字塔的神秘性很大程度隐存在它的数学性中。最简单的几何形制恰好是最含蓄的，因而给人以最大的神秘感。而金字塔体现的永恒性，与其说是在物质方面，不如说是在它的数学性中。

4. 材料的表达：吉萨金字塔使用了 230 万块石灰石块和 8000

吨花岗石（用于墓室），这当然是它们能存在至今的基本物质因素。

特别值得指出的是：吉萨金字塔主要是用它几何性的简洁形象，说出了无须多说的话。它们不像后来的窣堵坡那样，到处用各种人性化的象征符号（眼睛、鼻子等等）来表达自己。在吉萨，“人性化”的象征主要是躺在其边上的狮身人面像，然而，它并没有用语言文字来“透露”金字塔的任何信息，相反，却增添了它们的神秘感——俄狄浦斯、恺撒、拿破仑，历代英雄都在她面前“竞折腰”，即可说明。

显然，在距今 4600 多年以前，要建造这样巨型的结构，所需的人力财力必然是惊人的。即以三塔中最大的胡夫塔而言，它底长 230.4 米，顶高 146.5 米（侵蚀前），估计全塔用石灰石 230 万块，都要从矿山开采后打琢（其精度达到石块叠合后缝隙小于 0.5 毫米），运输到工地后，精确地提升到位。根据记载，它修造时间为 20 年，等于每小时（不分昼夜）要提升 12 块。此外，墓室用的花岗石块要从 500 英里外运来，也耗工巨大。现在人们仍无法知道当时是采用何种工具及技术进行开采、加工（据说是用一种大型铜锯）、运输和提升的。

图 1-12　在金字塔大石块前的作者

对第二个问题（人们为什么要建造它？），从文献中可知：

埃及当时所有国家资源几乎都被投入为王室建造金字塔这一伟业之中。事实上，金字塔不是奴隶或自由民建造的，而是一批干劲非凡的熟练劳动力所为。金字塔的原料供应和建筑体制一环扣一环，错综复杂、分工合作异常细致，使得数量惊人的建造大军形成了世界上第一个民族统一国家，为这一巨大工程而设立的部门，如工头、石匠、经理、粮食筹办、抄写和监工，就成为当时的政府部门。金字塔提供了秩序和意义，埃及人被锤炼成一支劳动大军，埃及被熔融成一个国家单位，以建造这些充满抽象意义的石头巨作。

于是，金字塔不仅是一座雄伟的纪念性建筑，与她建成的同时，埃及作为一个统一的、“军事化”（或“准军事化”）的国家也同时产生，而且随着一代代法老的修建，使这个国家及其体制不断得到新的再生，这就是建塔的动机和驱动力，它们已经从法老个人的墓葬物扩大成为国家政权的奠基物。

于是，对神权－君权的统治者来说，修建金字塔和农业生产一样，甚至是更为重要的生产和再生产活动。就像我们现在许多地方刻意追求 GDP 一样，修建金字塔是一项寻求王朝永生的政治和经济活动，其 GDP 占世界首位。

诚然，随着国家的发展和人口的增加，这种耗工耗材的建设也日益成为沉重负担。同时，建筑队伍的成长和建设技术与经验的积累，也促使新的建筑类型和建造技术日益成熟。于是，殿堂建筑开始替代这种厚实的巨型几何结构。不论是埃及的金字塔，南、东亚的窣堵坡以及两河流域的吉古拉（ziggurat），都经历了同样的命运。

对我来说，阅读金字塔和窣堵坡给我的启示是：

“最神秘的是最简单的，最简单的也是最神秘的。”

2011 年 9 月初作
2013 年 8 月修改

推荐阅读

1. Christian Norberg–Schulz: *Meaning in Western Architecture*， Electra Spa，Milano 1974. 中译本：《西方建筑的意义》，[挪威]C. 诺伯格－舒尔茨著，李路珂、欧阳恬之译，王贵祥校，中国建筑工业出版社，2005 年。
2. Mario Busagli: *Oriental Architecture, History of World Architecture*，Electra Spa，Milano，1981. 中译本：《东方建筑》，[意]马里奥·布萨科著，单军、赵焱译，段军校，中国建筑工业出版社，1999 年。
3. T.C. Majupuria: *Exploring Nepal, Kumud Basnet*，Nepal 2010。迪利普·阿里摄影。

002 雅典卫城

——城邦文化消失了吗?

纪念性建筑（陵墓、庙宇、纪念碑……）从最初的坟堆发展为简单几何性的巨型结构（金字塔、窣堵坡），又演变为梁、柱、顶组合的殿堂，反映了人类文明发展的不同阶段，也标志着人类文化的进展。

殿堂建筑不是一夜形成的。在公元 18 世纪，法国的洛吉耶神父对人类的"原始屋"进行了探讨。他认为最早的房屋是用四棵大树为柱，用树枝为梁组成三角屋架，再用树叶作为覆盖为顶。这种"原始屋"只能作为原始人避风挡雨之用。当他们需要向祖先和神进行祭拜时，就先出现简单的坟堆，逐步发展为像金字塔、窣堵坡那样的巨型几何结构，最后再发展为殿堂建筑。这种殿堂，先是木造的居住建筑的扩大，以后为了追求永恒性，转变为石造（但在中国，由于对"永恒"的观念不同，长期来仍然用木造）。这种石造建筑，首先要在结构坚固性上取得保证，然后要在建筑美学上独创一格。在西方（包括埃及），最美丽、最高雅的纪念性殿堂建筑，莫过于古希腊雅典卫城（Acropolis）中以帕提农（Parthenon）和伊瑞克提翁（Erechtheon）神庙为核心的建筑群体。

位于地中海和黑海沿岸的希腊是一个多山的国家，交通不便，聚居在各地的人们组成了独立的"城邦"，各有其自己的文化和保护神。在公元前 5 世纪前后，希腊有 1500 个左右的"城邦"，大多数实行寡头或个人专制。

在公元前 508/ 前 507 年，雅典（总人口约 25 万）率先建立了民主制，并一度成为希腊最强大、最发达的城邦。它在公元前 490

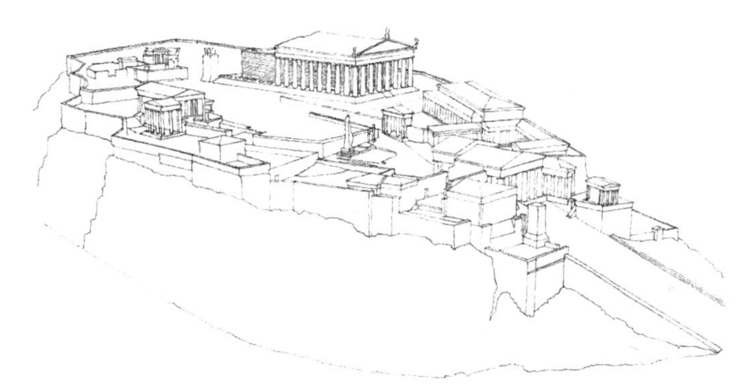

图 2-1　雅典卫城鸟瞰

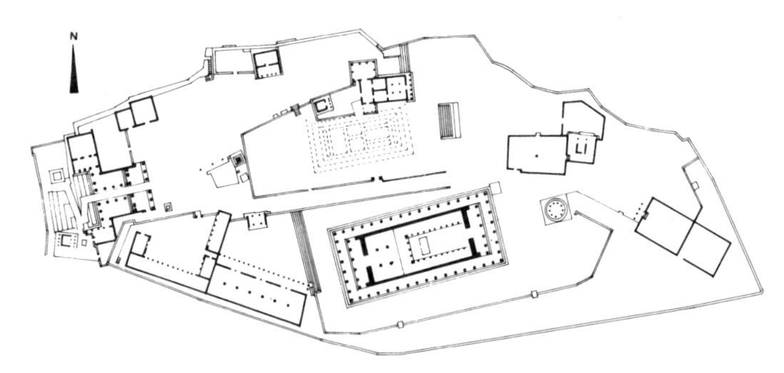

图 2-2　雅典卫城平面图

年和公元前 480/ 前 479 年相继抵抗了波斯的侵略而取得胜利，建造了辉煌的神庙建筑，创造了灿烂的文化艺术（包括戏剧、雕塑、诗歌等），涌现了像苏格拉底、柏拉图那样的伟大哲学家。但在公元前 434—前 404 年却战败于斯巴达而走向衰落，直至公元前 332 年被马其顿所灭亡。

雅典最知名的神庙是卫城（阿克罗波利斯），它建立在一个能俯览全城的山冈台地上。台地上似若随意却是精心地布置了一批大小不等的神庙，其中最主要的是以城邦保护神雅典娜的高大露天雕像为中心屹立于其南北的帕提农和伊瑞克提翁神庙。人们认为，卫城及其神庙建筑，以其纯朴和宏伟，体现了希腊建筑文化的艺术顶峰。

帕提农神庙是在执政官伯里克利的号召下，在雕塑家费提的

图 2-3　帕提农神庙

统一组织下，由建筑师伊克提诺斯和喀里克拉提斯设计，各地能工巧匠和艺术家们聚集建造的。在公元前 447 年开工，前 438 年完工（雕刻在前 432 年才全部完成），成为全希腊最美丽的建筑。它以长宽为 9 ∶ 4 的比例，用周边 46 根 10 米多高的多立克式大理石柱围成建筑空间。室内有一长条形圣堂，内以 23 根柱子包围着用象牙和金饰的近 10 米高的战神雅典娜 - 帕提诺斯雕像。沿周边柱顶的檐壁上，有 92 块“垅间板”雕刻着雅典娜的战功。神庙东西两端的屋顶山花分别雕刻了雅典娜的诞生和她与海神波塞冬的战斗。整个建筑庄严、肃穆，最突出的是它以简单的空间布局为朝拜者和参观者规定了行走的路线。人们在前进过程中，既瞻仰了战神的雕像，又鉴赏了周边柱顶上的浮雕，无不引发一种对本城邦保护神崇拜和感恩的心情。

在它北边的伊瑞克提翁神庙（建造于公元前 421—前 405 年）的面积只有帕提农神庙的六分之一左右，却别具特色。在东西两室中，祭奠了以雅典娜作为地方保护神的木雕像以及若干与雅典

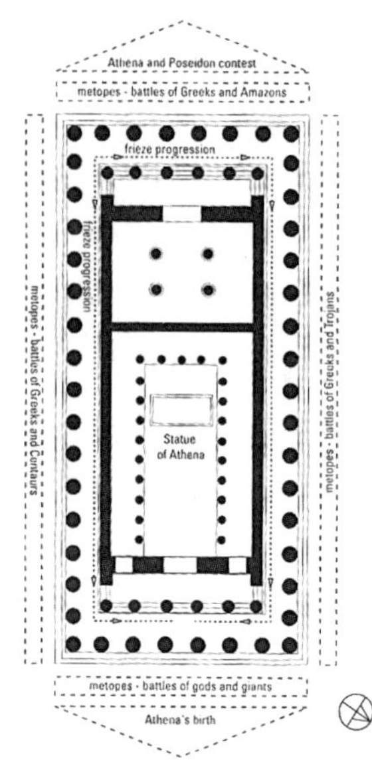

图 2-4　帕提农神庙平面

历史有关的神、人的神位、墓地和祭坛。这里有传说中雅典娜与海神波塞冬为争夺雅典保护神而战斗的遗迹，包括雅典娜击石而出现的橄榄树，以及波塞冬用三叉戟击地而出现的盐水井（因无用而输给雅典娜），但是雅典人仍把波塞冬视为自己的第二保护神，并认为他们的第一个国王伊瑞克丢斯是波塞冬的化身。所以这里的神庙堪称雅典的地方志博物馆。与帕提农神庙的规整秩序相反，它的建筑空间是自由式的，人们可以从各个方向自由出入；又与帕提农神庙多立克柱的粗壮雄伟相反，它以南面廊台上 6 根“女像柱”（caryatad）和竖立于东、北秀丽的爱奥尼柱式给这栋神庙赋予了女性的温柔。

美国建筑评论家索菲亚·萨拉写道：“两座神庙及其差异：正规与非正规，正式与非正式，可见与不可见，通过各自的故事承载着对立：普世的与特殊的，一般的与变异的，当代的与古老的……。”她认为：“通过帕提农神庙，雅典以一个帝国（或国家）的姿态昂首前进，而伊瑞克提翁神庙则以神话的地域性表现了一个自主的入口和场所。”

可以说，雅典卫城神庙的双重特征象征了这个城邦的文化本质：一方面，它具有惊人的凝聚力，在强大的敌人（波斯）面前坚忍不屈，终于能取得战争的胜利；另一方面，它产生了哲学、数学、技术、戏剧、诗歌、雕塑、彩陶等的辉煌成就。它所创造的文明被称为“西方文明的摇篮”（其实“西方”这个词是不恰切的，在本书中以后均用“欧美文明”）。

法国结构主义哲学家列维 – 斯特劳斯说：“这两座神庙的任务

是对一个面临如何与延伸到神话式遥远过去的土地的自然联系与通过文化创新与过去决裂的难题提供答案……两个神庙的对立性框架显示了人类思维可以协调互相矛盾的经验要素，从而……使文化捆绑于自然。”（摘自 Levi-Strauss, C（1963）: *Structural Anthropology*, trans, C. Jacobson and B. G. Schoepf, New York: Basic Books）

介绍雅典卫城的书籍、论文、照片浩瀚如海，它们分别从建筑历史、技术与美学等多方面赞美了这个人类文化的历史奇迹。笔者在这里只想从一个方面谈一些“阅读”体会：即卫城与城邦文化的关系。

当时希腊的 1500 个城邦主要关心的是加强自身武装力量，抵御外敌，它们的保护神都是战功赫赫的。与雅典争夺盟主权的斯巴达更是黩武主义的代表。而雅典所以能在诸多城邦中出类拔萃，主要在于它“文武并重”，在“文”的方面主要靠两点：一是繁荣学术；二是建立民主制。

雅典的“文武并重”，突出地反映在它的建筑——特别是在卫城中，其基本特征就是“规整与自由”的结合。“规整”反映“武”，自由反映“文”。

“规整”的主要代表就是帕提农神庙，特别在它的“柱式”，它完美地体现了一种规整美——秩序美。

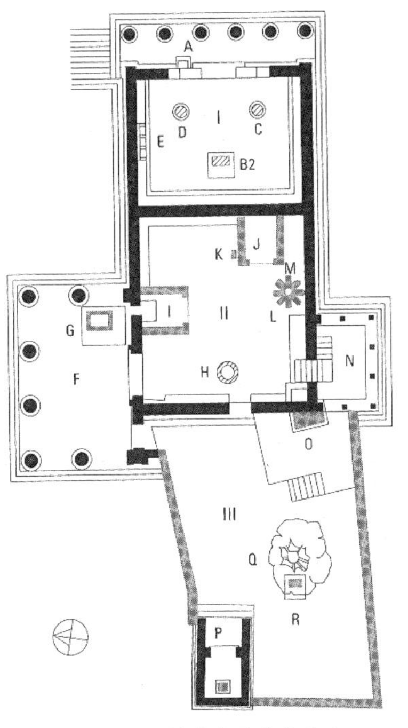

图 2-5　伊瑞克提翁神庙平面

A. 宙斯神坛；B. 波塞冬 / 伊瑞克提翁神坛；
E. 巫师座；F. 北廊；G. 雷打痕迹；
I. 伊瑞克丢斯墓；
J. 雅典娜 · 波里亚斯神坛；
N. 女像柱廊
P. 潘德罗索斯神庙；Q. 橄榄树；

a. 卫城远景

b. 帕提农神庙

c. 伊瑞克提翁神庙

d. 卫城山门

图 2-6　卫城主要建筑现状（杨友龙　摄）

挪威建筑评论家诺伯格－舒尔茨生动地描述了希腊（不仅是雅典）在长期建筑实践中形成的三种主要柱式的象征意义：

因此，我们可以这样理解，柱式可以被认为是人类基本特征的具体化。事实上，维特鲁威已经意识到，多立克具有男性特征，科林斯具有女性特征，而爱奥尼则代表中庸。因此，建筑的任务取决于柱式的选择。“对于密涅瓦（Minerva，智慧女神）、玛尔斯（Mars，战神）以及海格立斯（Hercules，大力神）而言，希望建造多立克神庙；对于这些神而言，由于他们的力量，建筑应当没有装饰。科林斯风格的神庙设计，似乎有适合维纳斯（Venus）、花神（Flora）、普洛塞尔皮娜（Proserpine，冥后）、喷泉（Fountains）、居于山林水泽的仙女（Nymphs）的细部；因为对于这些女神来说，由于她们的文雅，建筑比例纤细，并且用鲜花、树叶、螺旋和涡旋来装饰，这样看起来才获得了一种公正的装饰格调。对于朱诺（Juno，主神朱庇特之妻）、戴安娜（Diana，月亮女神）和巴克斯（Bacchus，酒神）和其他类似的神而言，如果建造爱奥尼神庙，可以从他们的中间特征中寻找依据，这是因为，确定他们的神庙的特征，需要避免多立克的刚性和科林斯的柔性特点。”……一般假设，三种古典柱式都能够表达所有的基本特点，因为它们代表了两个极端和一个中庸。

（取自诺伯格－舒尔茨：《巴洛克建筑》，刘念雄译，中国建筑工业出版社，2000年）

以上是对希腊柱式的一般描述，但到每个具体建筑，却又各有特色。同一作者在描述帕提农神庙时写道：

帕提农神庙，主要是多立克风格的，却极少有真正属于多立克的重量感。它的许多根相对细长的柱子已经给人以爱奥尼般的观感，这种印象在主要内廊（pteron）

后面的前柱式柱廊的引进中得到了进一步加强，这柱廊上面，就是关于泛雅典娜游行的著名的连续饰带。内殿和近似方形的西面房间有着真正室内空间的性质。有着中殿和两个侧廊的内殿，里面是一个菲迪亚斯用黄金和象牙制作的雅典娜巨像，西面的房间是女神的财宝库，有着一个由四根爱奥尼柱子支撑的平棊顶棚（coffered ceiling）。室内空间和雕塑性形体在这座建筑中结合在一起，体现出一种女性的优雅和男性的力量的完美结合。

对伊瑞克提翁神庙，他的描述是：

伊瑞克提翁神庙有着复杂的形式，这也是要围护许多传统神圣领地的结果，这和帕提农神庙的简单与纯粹，形成了一种绝妙的对比。“不对称的、比例优雅的伊瑞克提翁神庙，古老传统中的土地祭祀人性化了，变得格外清晰易懂，而且市民化，而在帕提农神庙，那种可以被称为人们对于雅典娜的理解的东西，变得出乎意料的辉煌、君临一切而神圣。”两座建筑都结合了多立克和爱奥尼的特征。在伊瑞克提翁神庙，爱奥尼风格占据了主导，并且，在女像柱的门廊，用 6 个女像（Korai）进一步地进行了自然主义的解释。但是在它的其他柱廊中，却有着接近多立克的厚重的檐部。

他概括地写道：

雅典卫城永恒的价值，包括它对人类社会作为自然与人的和谐共处的象征。在这里，人类理解了自身却又对所居住的土地不失敬畏。正是因为深刻理解在自然环境中所处的位置，人类开始了解了自己。

（以上取自诺伯格－舒尔茨《西方建筑的意义》，李路珂、欧阳恬之译，中国建筑工业出版社，2005 年）

笔者体会，诺伯格－舒尔茨在这里对雅典卫城两栋主要建筑，不仅是从其柱式的应用，同时还在它们的建筑空间处理上，精辟地指出了它们的文化意义和象征价值。事实上，二者就像一对夫妻结合成一个家庭，缺一不可。

对笔者来说，阅读雅典卫城建筑，除了赞赏它本身的文化价值之外，还有一个意义，就是理解它所揭示的“城邦文化”的历史价值。

古希腊城邦文化的黄金时期（或称“经典时期”）是在公元前500—前300年之间，也包括雅典卫城建造的时期。这种城邦（poli）以一座城市为中心，加上周围的农村而形成独立的政体，对发展地域文化起了决定性的作用。其中最出色的是伯里克利时期的民主体制，其主要特色就是“文武并重”，在这里，“文”起了主导的作用，它培育了公民的文化素质，促成了公民强劲的凝聚力。这种凝聚力，表现在帕提农神庙的“规整性”，但其根子却产生于伊瑞克提翁神庙的“自由性”，产生于它对地域文化的热爱和尊重。

这种城邦文化被马其顿的亚历山大大帝所征服后，并没有从历史上消失。史学家们列举了古罗马城市（佛罗伦萨、米兰、威尼斯、那不勒斯……）以及神圣罗马帝国的一些小盟国的地域特色。这种地域文化特色，在中世纪天主教政教合一的统治下，仍然不断增长，在文艺复兴时期更加明显。

直至今日，除了有新加坡那样的现代城邦国家之外，在民族国家已经取代城邦而实行政治上的大一统之际，以城市为中心的地域文化仍然强劲地存在与发展。即使在企业利益主宰一切的美国，在现代主义建筑风格席卷全国的形势下，我们在不同的城市：纽约、波士顿、芝加哥、洛杉矶……仍然能看到鲜明的地域特色。这并不奇怪，因为人的本性就要求有一种地域的归属感。这也是在巍峨的帕提农神庙建成后，雅典人还要在它对面建造另一个小庙，来纪念为雅典城邦作出贡献的神祇，而把它与帕提农神庙占有几乎同等神圣地位的原因。可以说，建筑的文化价值就在于它的独特性。千篇一律的模仿抄袭，不管如何虚张声势，仍免不了受到公众的鄙视与否定。

对笔者来说，阅读雅典卫城的主要启示是：

“普世”产生于“本土”。城邦万岁！

2011年10月初作
2013年8月修改

推荐阅读

1. Sophia Psarra: *Architecture and Narrative—The Formation of Space and Cultural Meaning*, Routledge, London/New York, 2009 [索菲亚·萨拉：建筑与叙述——空间与文化意义的形成]。
2. Christian Norberg-Schulz: *Meaning in Western Architecture*, Electra Spa, Milano 1974. 中译本：《西方建筑的意义》，[挪威]C.诺伯格-舒尔茨著，李路珂、欧阳恬之译，王贵祥校，中国建筑工业出版社，2005年。
3. H.D.F. Kitto: *The Greeks*. 中译本：希腊人，（英）基托著。徐卫翔、黄韬译，上海人民出版社，1998年。

（本文中图2-5中的照片由杨友龙先生提供，特表感谢。）

巴黎圣母院 *

003

——“大教堂的皇后”

我每次到巴黎，只要时间允许，总是要到巴黎圣母院去“朝拜”。我很少在它巍峨的西立面前停留，也很少到里面幽暗的大厅中徘徊；而是喜欢在她后面的庭园恬坐，呼吸它新鲜的空气，赞赏大教堂背后的尖塔和飞垛结构，陶醉于周围稠密的树丛，想着自己的晚年应当在这样一个宁静的环境度过。有时我也起身进入边上、位于半地下的第二次世界大战集中营遇难者纪念堂，这里以洁白的墙体、20 万根玻璃杆倾注了对死难者的忧思。又有时，我更走到城岛东端的三角广场，沿边是路易十三风格的住宅。这两处是我最赞美的巴黎建筑所在。

我不是天主教徒，很少进入教堂内部。第一次从前到后“看”过大教堂的就是巴黎圣母院，那是在 20 世纪 80 年代中期，当我刚刚摆脱“宗教是鸦片”的精神禁锢之后。我从它的西立面开始，进入内厅，再到达后立面及边上的庭园。

据记载，这个大教堂的正面（即西立面）是工匠们用二十年时间（从公元 1200—1220 年）雕筑装饰而成的，非常雄伟壮观。它从上到下可分 5 层：双塔（也是钟楼）、拱廊（点缀以保护圣母的怪兽雕塑）、玫瑰圆窗、国王立像廊和底层的三大拱门，每个拱门上充满了雕塑。我没有花太多工夫仔细欣赏它的细部，而是直接地进入了内部的大厅。

* 巴黎圣母院的正立面和后立面是我在不同时期、不同气候条件下拍摄的。正立面是在 20 世纪 80 年代首次去巴黎时拍摄的。这是我生平第一次去古代天主教堂。建筑笼罩在一片阴雨的薄雾中，增添了我那时感受的神秘感。后立面是于 21 世纪初拍摄的，当时正好阳光一片。我自觉在几次来访后，终于多少理解到这栋建筑的历史和文化意义。

图 3-1　巴黎城岛上的三角庭院

图 3-2　巴黎圣母院正立面

在这里，高耸的柱廊托起了拱形的屋顶，彩色玻璃窗挡住了外面的阳光，造成了一个高大而幽暗的室内空间。我在这个宁静的空间中逗留片刻，就开始领悟天主教的“原罪论”。在这个与尘世隔绝的地方，我可以反思自己的各种恶行而进行忏悔，以寻求灵魂的洁净。然而，与此同时，雨果的小说以及我童年时看过的《巴黎圣母院》电影及电影中“钟楼怪人”形象很快就进入脑中。我想起那纯洁少女埃斯米拉达所遭遇的悲惨命运，想起那道貌岸然的弗罗洛神父的卑鄙行径，以及那形象恐怖却内心善良的驼背敲钟人卡西莫多（他就像墙上雕塑怪兽那样地保护着无辜的少女）。这个宁静的暗厅又似乎包藏着罪恶的灵魂，见证着“原罪”的主宰。我于是匆匆地离开了这个大厅。

到了教堂的背面，我看到了那些隐藏在正立面和彩色玻璃后面的真实结构。这里是建筑史上最早的飞垛，据说它是当时在墙体发生开裂后添加的补救措施，后来成为哥特式建筑的必要构成部分。离开了那精致的正立面和善恶交混的幽暗大厅，这里的优美结构和周边庭园给我提供了一个极理想的休憩场所，以致我多次要返回此地，找到那使我灵魂安宁之处。

凡是阅读过雨果《巴黎圣母院》小说的读者，都知道里面有两节分别描写圣母院的建筑以及从它顶上俯览巴黎全城风貌的情

图 3-3 巴黎圣母院内景

图 3-4 巴黎圣母院后立面

节。急于了解小说情节的读者往往跳过这两节，以为与全书故事无关，其实它正告诉我们故事开展的实体背景：产生卡西莫多、埃斯米拉达和弗罗洛神父的狰狞背景。

雨果像一位老练的建筑史家那样地描述了圣母院的建筑和巴黎的老城面貌。他把圣母院称为“教堂的皇后”。他写道：

> ……然而，巴黎圣母院决不能称为一座完整的建筑，无法确定它属于什么类型。它既不是罗马风教堂，也不是哥特式教堂……它是一座过渡时期的建筑……从罗马风过渡到哥特式的建筑，和那两种单纯的样式同样值得研究。它们体现了艺术的某种色调变化……这就是尖拱和圆拱的结合度。
>
> 巴黎圣母院尤其是这种变化的一个奇特的标本。这座可敬的纪念性建筑的每一面、每块石头，都不仅载入了我国的历史，而且载入了科学史和艺术史。……巴黎古老教堂里最中心的这座教堂像一只怪兽，它的头像是这一座教堂的，四肢是那一座教堂的，臀部又是另一座的，它是所有教堂的综合。

我们重申，这种混杂的构造，在艺术家、考古学家和历史学家看来是不乏兴味的。这些建筑物使人感到建筑艺术在某一点上是原始的东西，它表现出来的，就像古希腊人的大型石建筑遗迹、埃及金字塔以及印度巨塔表现出来的一样，那就是：最伟大的建筑物大半是社会的产物而不是个人的产物。与其说它们是天才的创作，不如说它们是劳苦大众的艺术结晶。它们是民族的宝藏、世纪的积累，是人类才华不断升华所遗留下来的残渣……

……它看起来像巨大的岩层，明显地分为三个部分而又互相重叠，这就是罗马风层、哥特层和文艺复兴层——我们更情愿称之为希腊－罗马层。……它把塑像、彩绘大玻璃窗、圆花窗、阿拉伯花纹、齿形雕刻、柱子和浮雕，协调地组合在一起。因此，在那些建筑物外表不可思议的千变万化之中，却依然存在着秩序和一致。树干总是一成不变，树叶却时落时生。

（自陈敬容译《巴黎圣母院》，人民文学出版社，1982 年）

雨果在他的小说中，用赞美的文字描述了巴黎圣母院从 12 世纪到 13 世纪的建造过程以及随后的不断改进，然后又以巨大的愤慨谴责了 15 世纪以后由于时间、人和时尚等因素对这座艺术和科学精品进行的破坏。在这些破坏中，我们应当特别提到 1789 年法国大革命后暴徒们对它所做的“打砸抢”式的糟蹋，又必须赞扬 19 世纪在法国建筑师维奥莱－勒－迪克指导下进行的全面修复（它使圣母院的“树干”保持不变）。

事实上，在一些正规的建筑史书中（例如 S·柯斯托夫的《建筑史》），巴黎圣母院并不占有主要地位，其原因就是它既不属于它以前罗马风风格，又不属于它之后成熟的哥特式风格，正如雨果所指出：建造于公元 12 世纪的巴黎圣母院是“一座过渡时期的建筑”，风靡于 12—16 世纪教堂建筑的哥特风格在这里刚刚开始，以后就席卷欧洲，取代了原来的罗马风。

有一本现代作家（威尔士籍）肯·福勒特于1989年出版的畅销小说《地球的支柱》（Pillars of Earth），描写了一个英国的工匠如何克服行会的种种阻力，建造了一座崭新的哥特式大教堂。它印证了雨果所说的“最伟大的建筑物大半是社会的产物而不是个人的产物。与其说它们是天才的创作，不如说它们是劳苦大众的艺术结晶”。

长期来，不少历史学家把欧洲中世纪（从公元5世纪到15世纪）称为“黑暗时期”，认为是从希腊–罗马的民主与共和制的倒退。20世纪以来，有许多学者已经有专著否定这种断言。诚然，中世纪有过天主教会经院哲学的思想管制、宗教裁判所的酷刑、反阿拉伯民族的十字军远征等，但是，总的说来，在西罗马帝国瓦解后欧洲出现的封建制（封建领主与农民间互相依存的“契约”关系）是对罗马奴隶制的一个进步。从政治制度来说，罗马的共和制实际上也只限于一些贵族，而欧洲封建制则产生了后来的议会制。恩格斯说过：

> （西罗马国家）的秩序比最坏的无秩序还坏，它说是保护公民防御野蛮人的，而公民却把野蛮人奉为救星……。
>
> （见恩格斯《家庭、私有制和国家的起源》，《马克思恩格斯选集》IV.，人民出版社，1972，第145页）

这里的“野蛮人”指的就是来自北方的日耳曼族——德国民谣《尼伯龙根之歌》中人物的后裔。

归根结底，巴黎圣母院是我理解欧洲中世纪的一把钥匙：它的正立面就像教皇冠冕堂皇的告示；它幽暗的内部隐含了整个中世纪历史时期中善与恶、正义与虚伪的斗争；而它的背面却给人以一个真实的构架，在这里，人们找到了真实的、自然的美。可以说，它的背立面是个“活化石”，忠实地记录了一个席卷欧洲近5个世纪的建筑风格的起始。

历史在继续。在我初次访问巴黎圣母院之后，有机会又参观了一些教堂建筑，既看到天主教堂的基本格局和气氛，也看

图 3-5　巴西利亚国家大教堂

图 3-6　美国洛杉矶水晶教堂内景

到新教诞生后教堂建筑的新面貌。给我印象最深的有，1970年建成的，由奥斯卡·尼迈耶在巴西利亚设计的国家大教堂。在这里，阳光透过由曲线肋柱所夹带的透明玻璃投入大厅，顶棚下面悬吊着若干天使女神，在若明若暗中象征着“天使来到人间”的天人交往。它与巴黎圣母院和其他天主教堂内部的幽暗形成鲜明的对照。

而后，我又看到1980年建成的，在美国洛杉矶郊外由菲利普·约翰逊设计的水晶大教堂。在这里，整个大厅被透明玻璃所包围，周末的“礼拜”成为一场大型的社交活动。在这里，人们再没有一丝“原罪”的沉重精神负担，却知道自己必须给生活注入价值和意义，才算完成天主所赐予的使命。

若干年来，我这个无神论者对宗教的看法有了很大的变化。我亲眼看到，我们在对所谓GDP的追求下出现的物欲横流、利欲熏心的社会风气，使社会失去了过去宗教（包括非宗教的儒教）所造成的凝聚力。于是我体会到，教堂的建筑设计可以千变万化，但雨果所说的“树干”的基本精神还是存在，这也是我所以每次都要来到这里，在它后面的庭院，在早期哥特式的飞垛面前，寻找灵魂的安宁的缘故。我也体会到，我们这些“无神论者”，要想真正战胜宗教的势力，就必须在物欲之外，寻求一种确实能凝聚社会的精神力量。舍此，也只能面临罗马帝国灭亡的命运。

对我来说，阅读巴黎圣母院给我最大的启示是：

建筑最宝贵的价值在于它是历史的“活化石”。

推荐阅读

Victro Hugo: *Notre-Dame de Paris*，1831. 中译本：《巴黎圣母院》，[法] V·雨果著，陈敬容译，人民文学出版社，1982，2011年。

布拉格城堡

004

——中世纪欧洲史并不是“停滞”的历史*

2008年初，有机会去东、中欧三个国家旅行，时间不长，见闻不少，特别是通过那里的城堡建筑（加上自己过去在西、北欧见到的），增加了不少知识。

我喜欢城堡，最初是出于对建筑艺术的欣赏，它们显示了一种童话美（迪斯尼童话片的片头总是一座神话式的城堡）；后来再从它们的历史文化意义去了解，才知道：城堡是中世纪欧洲的象征，它告诉我们：什么是欧洲的封建主义，它与中国的“封建主义”有何异同。

据资料介绍，在欧洲较早出现的（如在古罗马时期）是从军事需要出发而建造的“堡垒”（fortress），后来演变为“城堡”（castle），即封建领主及其军事势力的根据地，最后在中央集权制建立后，变成“宫殿”（palace）。

一位希腊作者写的描写史诗与建筑关系的书《史诗空间——探寻西方建筑的根源》(以下简称《史诗空间》)中有一章专门讲(欧洲的)城堡，并从德国史诗《尼伯龙根之歌》的描述中把古老的城堡分为三类：(一)，“与城镇交错在一起”的城堡，例如《史诗空间》中位于德国的巩特尔城堡；(二)，几座城堡的集合体——堡垒式的城堡，例如《史诗空间》中位于冰岛的布伦希尔特城堡；(三)，有宏伟大厅（可容纳几千人）的军事式城堡，例如《史诗空间》中位于匈牙利的匈奴王埃策尔（即阿提拉）的城堡。

---

* 本文曾发表于《读书》（2008.10），这里有所增减。

[《尼伯龙根之歌》写的是：武士西格费尔德因屠龙成名，来到国王巩特尔的城堡，用隐身法帮他打败冰岛女皇布伦希尔特并娶其为妻，西格费尔德则娶了巩特尔的妹妹克林姆西尔特为妻。布伦希尔特与大臣哈根勾结杀害了西格费尔德，克林姆西尔特为了复仇嫁给匈奴王，并邀请巩特尔等赴宴，把他们杀死在匈奴王城堡中的宏伟大厅内。瓦格纳认为这段史诗写的是德国民族的起源，为此谱写了长达十几小时的四集系列歌剧。]

如果按历史顺序来说，那么首先出现的是埃策尔那种有宏伟大厅（供国王和他的骑士们宴会及娱乐之用）的城堡；其次是巩特尔的“与城镇交错在一起”的城堡；然后是与城镇脱离的独立城堡，它已经是“宫殿”（palace）的前身。

从我看到的实物而言，第一类的大厅式城堡，或可见于丹麦的克隆堡（莎士比亚戏剧电影中哈姆雷特最后决斗的场所）；第二类可见于匈牙利布达佩斯和捷克的布拉格；第三类可见于丹麦哥本哈根郊外的弗雷德里希（Frederich）城堡。

有意思的是：我在对东、中欧三国的访问中，竟然目睹了欧洲中世纪城堡的演变，并从中领悟到对所谓欧洲“黑暗时期”的新认识。

我这次旅行的第一站是匈牙利，它夹在东西强国之间，历史上累受欺凌。翻开史书，它的历史特别复杂，政权更替频繁，城市屡遭破坏；不断被破坏，又不断被重建。我在20世纪50年代在北京听到一位苏联英雄将军讲他如何解放布达佩斯。当时德国法西斯把多瑙河上8座桥梁全部破坏，他率领军队从东岸佩斯强渡过河，攻克西岸的布达。后来知道，这次战争中建筑（包括旧皇宫）的损坏与人口的伤亡极其惨重。时隔20年，苏联的坦克再次进入布达佩斯。

到了布达佩斯，我像看到一个地质断层剖面那样地见识到一个由多时代建筑风格积淀而成的英雄城市。它的每次重建都既保

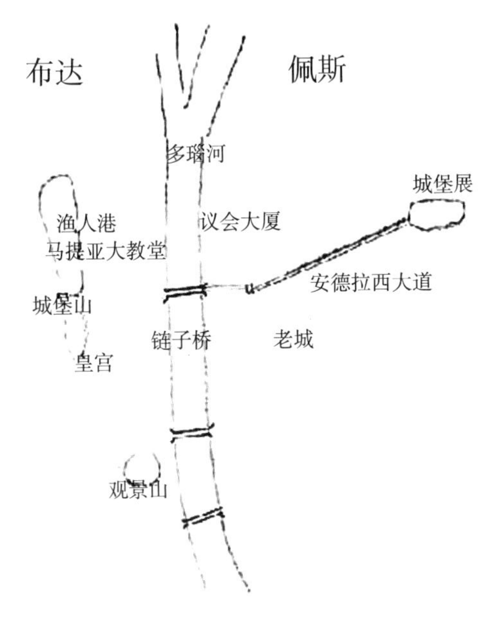

图 4-1　布达佩斯认知图

护原有建筑，又在新建筑中吸取了当时的新风格，于是我们可以看到新古典主义、民族浪漫主义、新巴洛克主义、土耳其风格、犹太风格等和谐共处，乃至有被联合国教科文组织评为世界文化遗产的安德拉西大道等城市与建筑珍宝。没有一个对自己历史的珍惜，而又能吸取外来新风格的民族，不可能做到如此精彩。

我住在多瑙河一侧布达的一家小旅馆，出门顺坡蜿蜒而上，可以登临古老的城堡山。一路上是石铺道路，两侧是二至五层的联排式住宅，各个时代的风格均有，形成一个优美的住宅区。到了高地，就见到灰色石砌的有圆锥顶的圆筒式碉堡，这就是建于19世纪的渔人港。它占据了旧城堡的一角，成为建造于15世纪的马提亚大教堂的前庭广场。我从这里就已经进入了横亘布达高地的城堡山的北部。

城堡山从北到南延绵约1.5公里，历代加固的围墙现在仍在，围墙内南端是多次遭到破坏的皇宫（最早建于13世纪，多次被破坏、重建；现有的是1950年建的，用作国家图书馆），北部除大教堂外，还有居民区。

到了这里，我忽然意识到自己正身处欧洲中世纪封建主义社会的遗址。在西罗马帝国灭亡后，欧洲大片土地上出现了为数众多的小国家。封建领主在一批武士（骑士）的拥戴下，把占有的土地分封给臣民，再逐级下延，形成了一种金字塔形的统治体系。上级(从国王开始)给下级提供保护,下级给上级提供军事(服兵役)和经济（税款、实物）服务。下级居民又按照对领主依附程度的不同分为自由民、半自由的维莱茵（villain）、农奴等，他们有的居住在城堡 / 城镇中，向领主提供直接服务；有的紧挨城堡，使他们都可取得城堡的保护（特别是在有外敌侵入的时候）。

虽然当年的城堡/城镇已经遭到破坏,只剩下了几段断墙残壁,但我从两幅古画中看到了城堡（和它反映的历史）的演变。

第一幅画出现于 1493 年德国《纽伦堡编年史》，它描绘了布达城堡山的面貌。在这里，领主（国王）的城堡与臣民居住的城镇仅一水之隔，城堡的围墙也很低矮。正如《史诗空间》中所说“城堡与城镇可能交织在一起，因为国王关心……为城堡和城镇设计保护措施”……“由城堡能够直接进入城镇”。这种城堡形态可以相当于民歌中的巩特尔城堡。

第二幅画出现在 1617 年， 与上图仅隔 100 多年，这时的城堡与城镇已经用厚实的双层墙体（从山上一直延伸到山下的多瑙河

图 4-2　布达城堡山图（取自 1493 年德国印刷家舍德尔《纽伦堡编年史》，其特点是城、堡合一）

图 4-3　布达城堡山图（1617 年），乔格·胡夫纳格　画

边）隔绝（据记载，15 世纪西吉斯蒙德国王下令在城堡周围修筑平行墙）。它已经类似于《尼伯龙根之歌》中的第三类城堡，说明此时领主与民众之间正在出现隔绝，甚至对立，封建社会初期的互相依赖的“契约”精神已经逐步消退。

我旅行的第二站是捷克的布拉格。与布达佩斯相比，它遭到的破坏要少，特别是它的城堡，基本上保留了历史的原样，成为当今世界上最大的现存中世纪城堡。

[在少年时期，我就从地图上看到捷克（和斯洛伐克）像一条被德国半吞在嘴里的鱼。后来又读到一本捷克第一任总统马萨利克的自传，知道它在 1918 年才获得独立，但以后的日子仍不好过。典型的有 1938 年英法等国执行“绥靖”政策，通过慕尼黑协定把捷克的苏台德地区划给德国，助长了第二次世界大战的爆发，以及 30 年后发生的“布拉格之春”的事件等。今天布拉格的老城广场上还竖立着从胡斯被宗教裁判所烧死以来的各个事件的纪念碑，可以知道这个国家所经历的多次灾难。]

布拉格的城堡位于伏尔塔瓦河西岸的高地上。它从 9 世纪开始兴建，以后由不同的王朝加建和改建，在 20 世纪初，由马萨利克总统决定对公众开放，并委任建筑师普莱克尼克用 10 多年时间进行了整理，形成现在的面貌。

大体说来，它的四个庭院包含了（今）总统府、旧皇宫、大教堂和黄金巷以及皇家花园和众多附属建筑。它们分别体现了罗马风、哥特、文艺复兴、新古典主义和中世纪民居的风格，可称为欧洲建筑史的博物馆。我特别感兴趣的是黄金巷，与它的名称相反，这是一条始建于16世纪供皇家卫队居住、后来由皇家手工艺匠们居住和作业的场所。沿街是一排单层、色彩鲜艳的联排房屋，与同一围墙内的皇宫及教堂建筑相比显得简朴，但是这里却产出了捷克享有盛誉的黄金及工艺美术品，这是直接为皇家服务的，所以可以容纳在城堡中；而自由民的居所已不再纳入领主城堡内，但仍然在围墙外绕城堡建造。在布拉格城堡周边建成的居民区，富有特色。它们因地形建造，看来错乱，但在绿树丛间出现的红色屋顶，与城堡中老皇宫的屋顶相互呼应与协调，创造了一种罕见的和谐感，说明尽管民居已建在“堡”外，但仍依附于“堡”。把布达的城堡山与布拉格的城堡山相比较，更可以看到欧洲封建

图 4-4　从伏尔塔瓦河看布拉格城堡

图 4-5　布拉格城堡中的“黄金巷”

图 4-6　布拉格城堡外的民居

制度的变迁，原来存在的领主与臣民间相互依存的关系已日益演变为一种单向的统治关系。

这种把臣民放在城堡以外的做法，使我想起卡夫卡所写的小说《城堡》。被城堡主人聘用的土地测量员 K（小说中始终没有透露他的全名，意味着他的社会地位的低下）多年被拒绝进入城堡。因此，“城堡”一词，已经成为普通人“可望而不可即”的神秘、封闭、排外的实物形象和代名词。

回到《史诗空间》中描述的第一类城堡，其特点是有“宏伟大厅”。这是因为最初的领主（国王）与投入其麾下的骑士需要

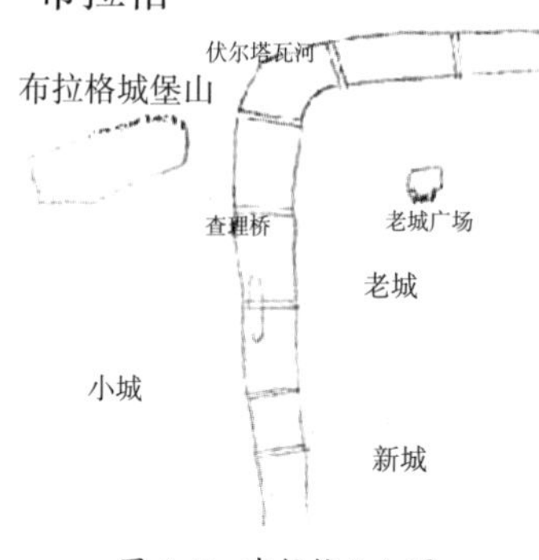

图 4-7　布拉格认知图

有一个集体饮食、接待外宾、举行宴会、商讨战事，或室内比武的空间。在英国史诗《贝尔奥夫》（Beowolf）中，就有这样一个“鹿厅”。传说中的亚瑟王与他的骑士举行圆桌会议的场所，也是这样一个空间，只是不太可能容纳几千人而已。我没有见到类似的实物，但在我印象中，丹麦海辛格尔港口的克隆堡有点接近这种形态。英国大导演奥利维尔拍摄莎士比亚悲剧《哈姆雷特》就在这里，最后一场决斗场合就是在这种大厅内举行的。据我估计，它是属于三种类型城堡建筑中最初期的形态。

对于《尼伯龙根之歌》中所描述的这第三类城堡：我没有机会去冰岛，只能用在同为北欧国家的丹麦所看到的来推测。例如丹麦哥本哈根市郊外的弗雷德里希城堡（建于1580年左右）以及市区的罗森堡城堡（建于1633年）等就具有其特色。它们实际上已经接近于后来出现的“宫殿”，但仍用“城堡”之名，在建筑外形上也依然有些军事堡垒的痕迹。看来，它们属于一种过渡形式。

于是，我们可以认为：《史诗空间》中的三种城堡是三个时期的产物。埃策尔城堡最早出现，它反映当时的领主（国王）紧密依靠武士（骑士）的支持，与他们同吃同住。巩特尔城堡出现得稍晚一些，其特点是城、堡合一，说明领主与臣民之间的相互依附关系，领主除骑士之外，也需要（至少一部分）臣民居住在城堡内或紧靠城堡，以加强其防御外侵的能力。布伦希尔特城堡属于后期，这时，领主与臣民的关系趋于由上而下的单向统治。《尼伯龙根之歌》反映了不同发展阶段封建势力之间的斗争。建筑是时代的缩影，由此可见。

从我看到的这些城堡及其演变来看，我可以进一步理解到所谓“中世纪黑暗时期”说法的可疑性（见本书第3章，即关于巴黎圣母院的一章）。中世纪欧洲确实存在种种黑暗，但它并不是一个“停滞”的时期，从教堂建筑的演变可见，同样，也可见之于城堡。

我旅行的第三站是奥地利的维也纳，这里到处充溢着旧时帝都的气息，已看不到那种中世纪的城堡，而是统治了东中欧达6个多世纪的哈普斯堡王朝的皇宫，如市区内的豪夫堡皇宫和郊区的美泉宫等，它们的制式使人想起巴黎的卢浮宫和凡尔赛宫。

从史书上可见，欧洲的封建社会经历了三个时期：公元5世纪到10世纪的形成时期（也就是被称为“黑暗时期”，也就是从大厅式城堡演变为城、堡合一的时期）；11—15世纪的成熟时期（有的学者也把它归入黑暗时期，出现了城、堡的分离）；16—18世纪的转型时期。在这个时期，出现了“民族国家”和中央集权的君主专制。法国路易十四（1638—1715年）和奥地利哈普斯堡王朝的马丽·特里莎（1717—1780年）统治时期都可以算在这个时期。这时，原来的城堡已让位于独立的皇宫。

事实上，法国和奥地利长期以来是欧洲大陆两个对立的中心，特别是法国革命乃至拿破仑上台以后，维也纳就成为反对势力的

图4-8 哥本哈根城外的弗雷德里希城堡

大本营。我们在今天的城市风貌中，仍然可以察觉当年两大首都“较劲”的痕迹。典型的例子是维也纳国家歌剧院的建设，在它最初于1869年落成时，从国王到民众都因为它比不上巴黎歌剧院的气派而群起攻击，以致两位建筑师一个自杀，一个精神错乱。直到它在第二次世界大战被毁后重建时，人们才理智地看到这个设计的精彩，于是在大楼梯两边的墙面上加上了这两位建筑师的雕像。现在它几乎每天上演歌剧，场场满座，订票要在一年以前。

路易十四的凡尔赛宫与特里莎女皇（奥地利的武则天）的美泉宫，都有金碧辉煌的镜面舞厅、豪华装饰的卧室、宽广美丽的花园。在这里，再也见不到中世纪城堡内那种政教、主民共处于一个围墙内的城堡，因为教会已经臣服于君权，封建“金字塔”体系中各级贵族的权力大为削弱，庶民与君主间也不再存在什么“契约”关系，骑士们已让位于专业化的军队。到这个阶段，历史已经告别了城堡，严格说来，最后这个阶段已不能算是封建社会，而是中央集权的专制社会，只是因为它延续的时间不长，才在“阶段论”中把它仍然划入封建时期。

就这样，我的这次旅行的一个最大收获，就是通过目睹的城堡演变上了一堂欧洲封建社会史的历史课，比考察教堂建筑更为生动和直觉。

从城堡去理解欧洲封建社会的变迁，也使我想起中国。中国封建社会的历史始终存在很多争论。这并不奇怪，奇怪的是人们总要按照某一“阶段论”的固定模式去套在中国头上，使本来简单的事复杂化了。

中国封建社会的开始至少是在周武王灭商以后大封诸侯之际。与欧洲的不同是这个“封建”是由上而下产生的，与欧洲西罗马帝国崩溃后，各路“诸侯”占地自立为王的情况大不相同。那时中国的中央政权极其强大，管蔡之乱很快就被平息，诸侯之间的武力冲突也不多，于是欧洲式城堡的作用也不大。到了春秋战国时期，情况就不同了，中央政权虚弱，诸侯之间争霸，这时西周王朝建立的封建制度分崩瓦解。为了对付战争，中国式的“城堡”就出现了，它们是原来诸侯城市的加固，如果硬要比较，就类似于欧洲的巩特尔城堡（也就是像布达的城堡山），它是城、堡的合一，在城内，除了诸侯及其政军力量外，还有相当数量的手工业者、商人和比较富裕的农民等。传说中鲁班发明云梯，就是用来攻打城堡的，那时候的“城”就是“堡”，“堡”就是“城”。今天，我们在山西平遥等地，还可看到这样的城墙。

这种状态，到了秦始皇统一全国，废封建，立郡县，建立中央集权的专制制度之后，有了根本的转变。与欧洲相比，有些像一千多年后法王路易十四和奥地利的特里莎时期的状况，而且在中国延续了两千年之久。这一期间的城市（城堡）主要是中央和地方政权实行统治的根据地，除了在边疆地段有军事防御功能外，很少有“堡”的作用。只有秦始皇修建的万里长城，可以说是中国式的大城堡，世无其双。问题是，路易十四的中央集权被视为欧洲封建社会的末期，具有过渡性质，中国不可能有两千年的“过渡”社会（资本主义始终只能是不开花的“萌芽”）。就因为有外国的某种“阶段论”存在，我们中国就不能不抛弃祖宗已经实行的“废封建”的革新，而把“封建主义”的头衔硬加在自己头上。现在难道不是到了应当重新审视我们的历史、遗产和传统的时候了么?

对我来说，对欧洲城堡的阅读，最大的启示是：

早期的封建主义有它可爱之处。

推荐阅读

A. C. Antoniades: *Epic Space: Toward the Roots of Western Architecture*, Van Nostrand Reinhold, New York, 1992。中译本：[希腊]A·C·安东尼亚德斯，《史诗空间——探寻西方建筑的根源》，刘耀辉译，周玉鹏校，中国建筑工业出版社，2008年。

哥本哈根的尖顶

005

——欧洲文艺复兴的地域性

我总是遗憾，对文艺复兴的发源地——意大利，我只去过一个城市：北部的博洛尼亚。那是在20世纪90年代初，当时的建设部派我去参加意大利外交部为发展中国家官员举办的一个研讨班。它每年一次，每次两天，要求每个国家中央政府的两位部、局或处级官员参加。说是研讨，实际上是培训，由意方请专家来给我们讲政府管理的课。一切费用（交通、吃住）都由东道主负责，会开完后就送走。

参加的一些代表，其领队的（多数是来自非洲的部长或局长）在第二天就不见其人，到威尼斯或罗马去玩了。我则老老实实地留着，一方面是没钱玩，另一方面是想就地领会一下文艺复兴的建筑。于是，两天中在听课和就餐（品尝到地道的意大利美餐，每餐几个小时）之外，就抓紧时间漫步在内城街道，看东望西，到处拍照。

博洛尼亚是一个古城，这里有中世纪建造的塔楼，也有文艺复兴式圆拱柱廊的骑楼和广场上的雕塑喷泉，又有丹下健三这样的大师设计的现代建筑。由于知识贫乏，我无能体会出文艺复兴精神如何在这里体现，只是领会到一点：在这个历史古城，文艺复兴的历史虽然重要，但仍然只是一个“时间的过客”，构成整个城市历史的一部分。也许在佛罗伦萨或威尼斯，文艺复兴的特色会处于主导地位，但除此之外，恐怕哪里都不会有一个“纯”文艺复兴的城市。

若干年后，我参加一个北欧旅游团，来到丹麦的哥本哈根。我认为它可以说是世界上最美的城市之一，而它给我印象最深的是“尖顶”建筑（英文是 spire 或 steeple）之多。我后来才知道，哥本哈根被称为“尖顶的城市”（City of Spires），而这种尖顶正

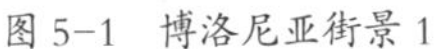
图 5-1　博洛尼亚街景 1

图 5-2　博洛尼亚街景 2

图 5-3　博洛尼亚街景 3

是“北方文艺复兴”的一个重要标志。

在其他城市，我也见到过尖顶建筑，特别是在俄罗斯彼得大帝时代的圣彼得堡和斯大林时代的莫斯科。但那里的尖顶，往往只是一根铁管，有时顶上加一颗红星或镰刀斧头（后来在北京、上海建造的中苏友好大厦也是如此）。但哥本哈根的尖顶却不同，它们本身可以说是一件艺术品，而且，除了观赏以外，有不少尖顶还有盘旋楼梯可以攀登到上面的小屋观赏城市景观。这是我在其他城市没有见到的（哥本哈根也有意大利式的穹顶，那是 18 世

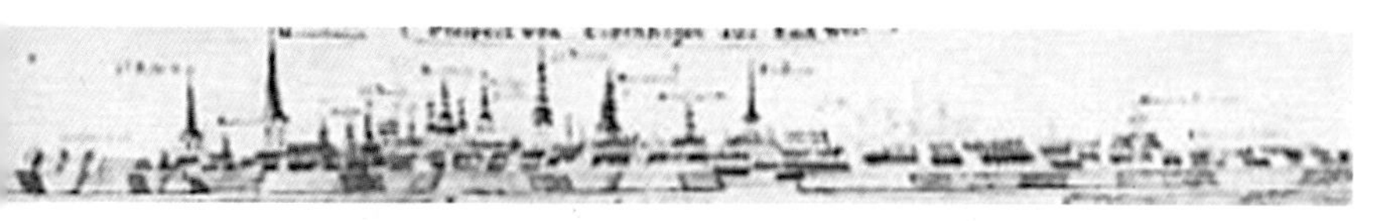

图 5-4 哥本哈根——尖顶的城市

纪后期建造的大理石教堂，而不是文艺复兴产物）。

这里的尖顶建造在皇宫、教堂、市政厅、民间商业建筑顶上，几乎可以说是“全民皆尖”，琳琅满目。我在下表列举若干有代表性的例子：

建筑名称	建造地点	建造年份	建筑风格
弗雷德里希城堡	城外希勒洛德	1560/1602—1620 年	文艺复兴
罗森堡城堡（宫）	城内	1606—1624 年	文艺复兴
海军教堂	城内	1560/1602—1626 年	文艺复兴
证券所	城内	1619—1640 年	文艺复兴
救世主大教堂	城内	1695 年	荷兰巴洛克
克里斯蒂安宫	城内	1828—1928 年	新巴洛克
市政厅	城内	1813—1905 年	民族浪漫主义

在这些实例中，有两个值得特别注意：一是证券所一侧的四龙盘旋塔（图 5-8，也有人说是三蛇盘旋，象征丹麦、挪威、芬兰的团结），据说它给证券所带来防火的保护。另一是救世主教堂顶上的螺旋塔（图 5-9），人们可以从盘旋楼梯登临塔顶，俯览全城景色。除此之外，这些“尖顶建筑”，有不少远看是“尖顶”，近看则是塔楼（使人想起中国的宝塔）。从城市总体景观来看，则好像是高树林立，给哥本哈根带来“尖顶城市”的雅号。

据史书记载，这些尖顶的建造是由国王克里斯蒂安四世（1570—1648 年，其中 1588—1648 年在位，共 59 年）发起的。他 18 岁登基，雄心勃勃，内部实行改革，扩大贸易，并在此基础

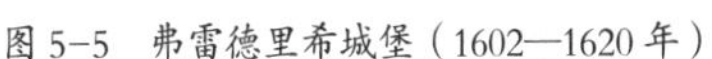

图 5-5　弗雷德里希城堡（1602—1620 年）

图 5-6　罗森堡宫（1606—1624 年）

上大动土木，兴建了新的皇宫和一批工商业城市（哥本哈根的证券所也是他下令建造的），从荷兰引进了“北方文艺复兴”风格；对外发展海军，扩大军队，与瑞典争雄，但以失败告终。即使如此，他还是给丹麦带来了繁荣。

在丹麦的短短几天访问，引起我对“北方文艺复兴”的浓厚兴趣。尽管自己知识贫乏，我还是参阅了一些资料，特别是阅读了一位澳大利亚学者约翰·赫斯特写的《极简欧洲史》（席玉屏译，广西师范大学出版社，2011 年）。这本由国内一些名家推荐的书，由于其“极简”而适应我的需要。它用一些“极简”的图表向我揭示了“北方文艺复兴”的本质。

图 5-7　海军教堂（1602—1626 年）

图 5-8　证券所（1619—1640 年）

这张图告诉我们：欧洲并不是铁板一块。从日耳曼族入侵，颠覆了西罗马帝国后，南北欧在政治、军事和文化上始终存在着巨大的区别和矛盾。自认为继承古希腊和罗马传统的南方人，始终把北方日耳曼族视为“野蛮人”（把中世纪称为“黑暗时期”也来源于此）。从 15 世纪开始，到 16 世纪盛行的文艺复兴是从南方开始的。它以人文主义精神复兴希腊－罗马的古典文化，其影响席卷整个欧洲，但到了北方，却受到地域文化的“折射”。对北方人思想影响更大的是 16 世纪发源于德国马丁·路德的宗教革命，而在文化上影响更大的又是起源于德国的浪漫主义传统。

从这个阐释，我们或许可以理解“北方文艺复兴”的特点，也可以理解为何“尖顶建筑”（而不是穹拱）得以流行在丹麦，并成为丹麦文艺复兴的一个标志，因为尖顶确实比穹拱更多一些浪漫主义的气息。

再联想到我在博洛尼亚寻找文艺复兴精神的体验，使我进一步理解到人类的历史就像一条大河。一

图 5-9　救世主教堂（1695 年）

图 5-10　克里斯蒂安宫（1828—1928 年）

图 5-11 市政厅（1813—1905 年）

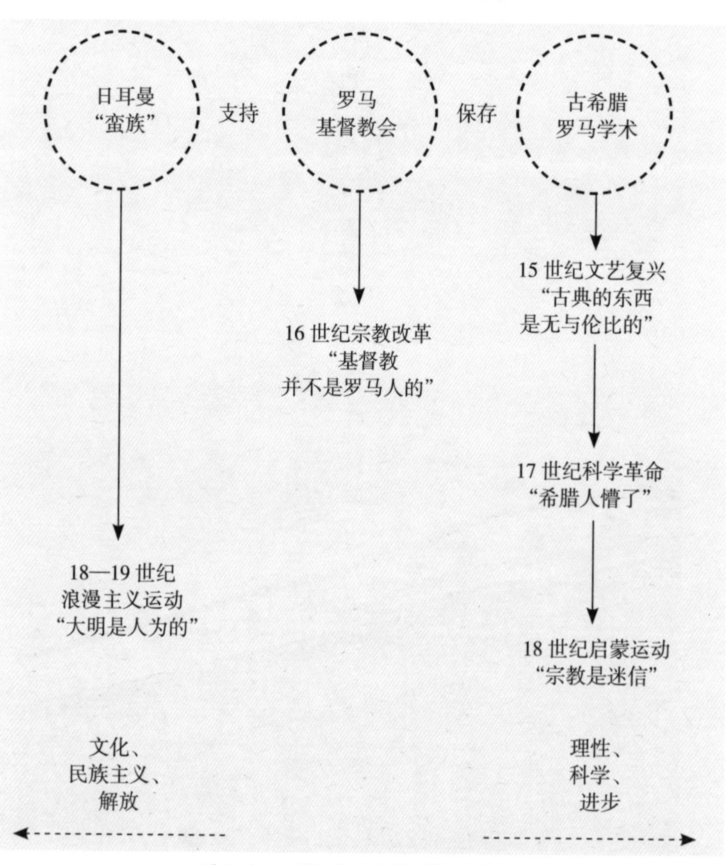

图 5-12 “北方文艺复兴”的源流

个时期、一个地域发生的文化创举，不论其如何精彩，在历史的长河中始终只能是一个插曲。而城市则是许多插曲的组合。文化的魅力也在于这种组合。

从阅读哥本哈根的尖顶建筑，我最大的启示是：

世界需要差异。

推荐阅读

John Hurst: *The Shortest History of Europe*，2009. 中译本：约翰·赫斯特：极简欧洲史，席玉屏译，桂林：广西师范大学出版社，2011 年。

法国凡尔赛宫

006

——“太阳神”与巴洛克精神

巴黎的凡尔赛宫我去过大约三次，第一次是独自去的，后两次是陪别人去的。除了开眼界（见识它的宏伟与奢华）外，我对它没有太大的兴趣。就像巴黎圣母院使我想起雨果的小说一样，它使我想起大仲马的《铁面人》，孪生兄弟之间的残酷斗争至今令我恐怖，虽然我知道它是虚构的情节，但是每当我看到皇宫门前路易十四雄赳赳的骑马雕像时，我总是猜想他究竟是兄弟中的哪一个。

后来我知道它是欧洲巴洛克建筑风格的一个代表作时，更增加了我对它的猜疑，因为它使我想起了一段过去的近事。

那是20世纪后期，史无前例的“文化大革命”刚过去，人们开始拨乱反正。为了弥补多年来对国外建筑理论的否定和疏忽，清华大学的汪坦教授挺身而出，主编一套《建筑理论译丛》。他约我翻译英国作家杰弗里·斯科特的《人文主义建筑学——情趣史的研究》一书。我发现斯科特和我一样，属于“非科班”出身一类，于是大胆承担。我饶有兴趣地知道，他在书中狠批了那些迷信哥特风格、否定文艺复兴和随后出现的巴洛克风格的理论风尚，对后者给予高度的评价。该书在1914年初版后，多次重印，在1924年再版，受到建筑界的甚大欢迎。我战战兢兢地翻译了它，从中学到了许多知识。

汪老仔细地审核了我的译文，又写了一段总的意见：

baroque有时是小写“b”，有“不规则”、“怪状”的意思。现译成“巴洛克”（译音），避免暗有贬义，

图 6-1　凡尔赛宫前广场

而且也不会误解，我想这更接近斯科特的感情。

我于是知道“巴洛克”一词在西文中有褒贬双重意思，于是重新校对译文，区分大小写场合，可是发现作家始终是站在“褒”的立场的。于是我产生了一种希望能亲眼见到更多巴洛克建筑的愿望。

不久，我有机会去北欧国家旅游，导游是一位旅居德国的华人，他在车上不断介绍街景，介绍中频频指出这是“巴洛克”，那是“巴洛克”，而我除了看到它们是“仿古建筑”外，始终不得其要领。于是我猜疑，就像我们中国人只看到明清建筑，就以为它是中国的“传统”，于是一说继承传统，就只有明清建筑一样，是否当地人也同样地对待“巴洛克”。结果迄今为止，我见到的货真价实的“巴洛克”，也就是凡尔赛宫了。

我再次求助于书本和网络（特别是维基百科），在众多的介绍中，我知道人们往往把“巴洛克”（据说这个词来自葡萄牙文，是“不规则的珠宝”的意思）理解为“详尽”（elaborate）和“奇特”

（fanciful）。斯科特的阐释是：

伯鲁乃列斯基与伯拉孟特的建筑（注：即文艺复兴的）是静态的，它（注：巴洛克）是动态的；前者试图使完全的平衡均布，它则探求集中的运动；在前者到处得到满足的安宁感，在这里被推延了，悬挂起来形成高潮……

这一段讲得甚为精彩，但是我得益最多的是从挪威建筑史家C·诺伯格－舒尔茨所写的《巴洛克建筑》（刘念雄译，中国建筑工业出版社，2000年）一书。作者分析了三座城市（罗马、巴黎、都灵）、近30座教堂、近20座宫殿（包括一些“大别墅”），在此基础上，他概括说：

17世纪是一个统一的时代——巴洛克时代……系统化和动态性——形成了一个绝对与综合却又开放与动态的系统的要求，这是巴洛克时代的基本观点。……它意味着封建地位重要性的丧失。城堡在城市中寻求替代品的需求，产生了城市－宫殿……

巴洛克城市结构由焦点（纪念性建筑和广场）组成，它们靠笔直而规则的街道相互连接……这些纪念性建筑反过来在更密集的系统中按照几何方式组织，一直到达最中心：凡尔赛，也就是君主统治的基础……宫殿成为放射运动的中心，而不是一个坚固的要塞。

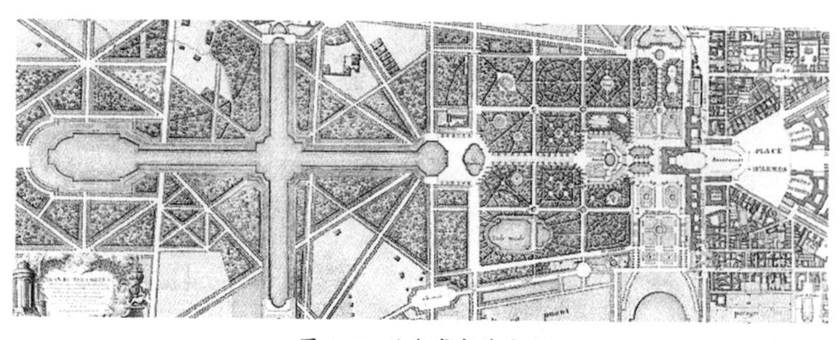

图6-2　凡尔赛宫总平面

图 6-3 凡尔赛宫鸟瞰

作者给我们描绘了巴黎在法王亨利三世（1551—1589 年）和四世（1553—1616 年）两代皇帝的指挥下，开始形成以广场（中心）—街道为系统的巴洛克城市，终结于路易十四（太阳王，1638—1715 年）以凡尔赛宫这一“最中心”的大系统。

观看凡尔赛宫的总体平面图，我们就会发现，诺伯格 - 舒尔茨所描述的巴洛克特征：系统化、动态性、绝对与综合却又开放……在这里是应有尽有。中世纪遗留的城堡的封闭与防卫特征，在这里已荡然无存。

从平面图可见，出现在基本上是长条形的皇宫两边的布局，无不显现了太阳王路易十四君临一切的气概。向东，以广场上他的骑马雕像为中心，放射性地展开了三条大路。它面向人间（巴黎和全国），既可理解为万方贵族与臣民前来朝圣，又可象征着君主的光芒放射四方。而向西，一丛丛修整完美的树丛，像阅兵

图 6-4 凡尔赛宫花园的中央大道，指向远方

式地排列在方格形和放射性的树间道路之间，横贯东西的中央大道延伸到无穷尽的远方。在大道的中央，布置了一个个有活泼天使戏水于其中的喷泉，两侧是各种姿态的人物雕塑。每天清晨，太阳神驾车飞向天空，巡视自然，巡视宇宙，晚间归来休息。这里是一个中央集权的系统，一个充满活力的动态系统，绝对、综合又开放。

在相当程度，17 世纪的路易十四（意大利导演罗塞里尼拍了一部名为《路易十四如何崛起》的电影，很生动）与将近两千年前中国的秦始皇在宫殿建设上很是相似。在拙作《中国古代建筑师》（北京：生活·读书·新知三联书店，2008 年）中有两段描写可作参考：

> （秦始皇）在渭水之南开始修建自己的宫殿群体。值得注意的是他很少受城市的约束，而是把自己的宫殿群比拟为天地的浓缩，把已建的信宫作为"天极"，筑甬道通往骊山的甘泉宫。"凿山堙谷，千八百里"，企图把秦国各代君主先后修造的宫殿

用驰道连接，这是他总体规划的一部分，但因工程量过大，没能完成。

（他继而）在上林苑中修造阿房宫。前殿部分是一个可容纳万人的大广场，并有阁道直达终南山，山顶成为宫殿群的阙楼，更有气吞山河的气概……根据最近的考古发现，阿房宫可能始终只是秦始皇的一个构思计划，并没有真正完工……

秦始皇和路易十四本人都没有听到过“巴洛克”这个称呼，但是他们“气吞山河的气概”，却是共同的，而他们的下场也极为相似，前者的帝国二世灭亡，后者的第三代被送往断头台。这都是他们所始料不及的。

作为一种建筑与艺术风格，巴洛克在欧洲风行了一个多世纪，最后沦落到被滥用的局面。这又是谁的罪过呢？

我在阅读凡尔赛宫后的体会是：

太阳总要落山。

推荐阅读

Christian Norberg-Schulz: *Baroque Architecture, History of World Architecture*, Electra Editrice, 1979. 中译本：[挪威]C·诺伯格·舒尔茨：《巴洛克建筑》，刘念雄译，北京：中国建筑工业出版社，2000年。

007 巴黎旧城改造中的奥斯曼公寓
——城市“母体”的典范*

在对城市的阅读和认识中，我始终遵循意大利建筑师阿尔多·罗西（Aldo Rossi）把城市建筑分为“标志”和“母体”两大类的准则。事实上，经常有人只注重“标志”（名片），以为建几栋摩天楼（世界最高？亚洲最高？中国最高？本省最高？……）或明星的“签名”，建筑就有了“招牌”，外资和游客就会滚滚而来，为此，他们甚至把“母体”建筑大片拆除来为“标志”让路。岂不知“杀母取子”，连禽兽也不为！

这里用的“母体”一词，外文为“matrix”，有很多译名，我顽固地选择“母体”的译法，因为我认为它最恰切地形容了此类建筑的性质和作用。它指的是，一个城市中林林总总的普通建筑（多数是民居住宅），产生于这个城市的文脉（地理、历史、气候、人文……），又反过来生成其他建筑（包括“标志”）。在中国，最显著的“母体”有北京的四合院（它是故宫这样的“标志”的“母体”）、上海的里弄住宅、广州的骑楼，等等。而在欧洲，我认为最突出的是19世纪在巴黎旧城改造中出现的“奥斯曼公寓”。

发生在法兰西第二帝国（1852—1870年）的巴黎旧城的大规模改造，要首先归功（归罪？）于两个人：皇帝拿破仑三世和他所任命的塞纳行政长官（相当于巴黎市长）奥斯曼。

拿破仑三世（全名查理士·路易·拿破仑·波拿巴，简称路

* 本文曾以“百年功罪谁论说”为题发表于《读书》（2009.7.），这里有所增减。

图 7-1　巴黎："标志"（凯旋门）与"母体"（公寓）相辉映

易·波拿巴，1808—1873 年）是拿破仑一世的侄子。他的父亲被后者封为荷兰国王，但随着拿破仑的战败同时下台，全家流亡到瑞士与德国。路易·波拿巴年轻时就投身波拿巴势力的复辟活动，几经失败，在 1848 年（40 岁）参加第二共和国选举获胜，成为总统。由于国民议会否决他连任总统而举行政变，自立为第二帝国的皇帝（被马克思讥讽为"笑剧"），直至 1870 年在与普鲁士的色当战役中战败投降。第二帝国也就瓦解。

路易·波拿巴所处的时代正是法国工业革命蓬勃兴起的时期。和他的叔父一样，他雄心勃勃地要使法国称霸于欧洲，并插足于亚洲。在他的统治时期，发生了第二次鸦片战争，英法联军攻入北京，烧毁和掠夺了圆明园，与清政府签订了不平等条约；法国还同时征服了越南与柬埔寨。

他在对外扩张的同时，对内主要的举措就是改造巴黎旧城，要把它建设成整个欧洲的首都。他亲自绘制城内主要道路的规划图，并且在当时的巴黎地方长官伯格贯彻不力的情况下将其撤职，改任奥斯曼担当此职，在 17 年中使巴黎面貌焕然一新。

乔治·尤金·奥斯曼“男爵”（George Eugene Hausmann，1809—1891年）在1853—1870年间的17年中，在皇帝拿破仑三世的支持下，大刀阔斧地拆毁了旧巴黎60%的房屋，建造了一个新的首都城市，成为旧城改造和城市规划的一名先驱。后人对此举的评价有甚大距离，有褒有贬，但到今天，似乎“褒”的多些。

奥斯曼并不是一个世袭贵族，他的“男爵”称号来自其外祖父：拿破仑一世手下的一名将军。他祖父是一名行政官员，父亲是报刊撰稿人。他受过良好教育，在大学主修法律，又学音乐，21岁担任尼拉区的副长官，1853年被路易·波拿巴看中接替伯格为塞纳地方长官，实施拿破仑三世的巴黎改造计划。此后的17年中他忠心耿耿、大刀阔斧地为皇帝的远大设想服务，先后在市内修造了12条全长114公里宽广、笔直的林荫大道和大街，种植了10万株树木，设置了城市东西两端的大型森林公园和市内多个广场和绿地，修筑131公里长的城市供水管道和172公里长的下水道系统，在拆除旧城的基础上沿街建造了多座大型公共建筑（最著名的是巴黎歌剧院）并由开发商建造了大量新公寓住宅。在1870年第二帝国垮台前因债台高筑（整个旧城改造共花费25亿法郎），导致他在一片责骂声中被免去职务，21年后在默默无声的孤独中抑郁而终。但是他留下的遗产使巴黎成为欧洲最美丽和发达的城市，其影响波及整个法国、欧洲乃至美国、加拿大、南美和澳大利亚，其功罪也成为后人议论的一个主题。

早在公元前4200年，巴黎所在地就有原始人聚居。在公元前1世纪，古罗马征服了这一地区，在现在的城岛上建立了据点。但直到公元8世纪，巴黎才成为一座中世纪城市，以后不断发展，到13世纪已经是欧洲最大的城市。意大利文艺复兴对它的建筑产生过影响，但是巴黎的建筑却有着它自己在中世纪以来形成的特色。在波旁王朝时期，特别是在太阳王路易十四在位时期，法国建立了自己的建筑学院，用自己的建筑师设计和建造了卢浮宫这样的宫廷建筑以及许多教堂、贵族府邸和普通住宅，继承了法国特有的古典主义传统。

巴黎的人口不断增长，给城市带来了沉重的负担。贫富差距的扩大，栽下了革命的种子。有资料介绍，1784年巴黎城市人口为64万—68万人，其中第一（僧侣）、第二（贵族）和第三（布尔乔亚）阶级人数分别为1万人、5000人和4万人，平民约60万人左右。众多贫穷人口聚居在府邸周围，拥挤不堪。城市道路狭窄，绝大多数的宽度在5米以下。道路弯弯曲曲，挤满了商贩和各种流民。卫生条件极其恶劣，人们从塞纳河取水，生活污水淌过路面又流入同一河流，整个城市常年处于窒息性的臭味之中。在1832年和1849年发生了两次霍乱蔓延，仅1832年的一次就有2万人死亡。到1850年，城市人口又增加到100万人，比1800年增加1倍。

尖锐的阶级矛盾，导致城市多次爆发群众性的暴力反抗，贫民们在狭窄的街道上设置路障，与警察和军队对抗。除1789年外，1830年和1848年都爆发了革命。仅在1827年和1849年间，巴黎就发生过8次街道巷战。

19世纪40年代开始的工业革命，使法国经济有了飞速发展，铁路从四面八方通到首都，城市南北建成了几座车站，但是人们一进入城市，就陷入迷宫般的路网。当拿破仑三世下决心要在市内修筑宽阔道路时，竟发现没有一张可用的城市地图，以致奥斯曼要组织力量用一年的时间进行测绘。

在他们之前的统治者，不论是共和制或帝制的，都试图改善城市条件，但都在经济和实际困难面前畏难不前。即使像路易十四那样“气吞山河”的太阳王，也只能到郊外去建自己的宫殿。到拿破仑三世时期，客观形势已迫使他不得不下决心大力改造旧城，但也需要有奥斯曼这样有坚强毅力和卓越的策划和组织能力者，才能付诸实施。

奥斯曼对巴黎旧城的改造，总的说来可以归纳为三项：一是用无情的拆迁修通城内的纵横交叉的道路网；二是建造了城市新的供水和排水系统，保护了塞纳河的清洁和城市的卫生条件；三是沿新街修造了大批公共建筑、公园、广场和公寓住宅（后者由开发商投资），奠定了巴黎的城市新貌。

——城市道路网的修建：为了实施拿破仑三世所画的市内道路规划图，奥斯曼策略地分三步提出计划，第一步先修造以贯通城市南北和东西的"十字轴"主干道；第二步在十字轴的基础上修建其他主要干道；第三步是修建联通这些干道与新增市区的次要道路。这种分步做法，既便于向财政部门要钱，也减少因拆迁产生的阻力。新的道路宽敞、笔直，两侧栽种 30 年的栗树，既解决了市内交通问题，也有利于城市通风，排除了长久积聚的臭味。道路经过的地区原来都是拥挤的贫民区，大量贫民被强制迁往城东与郊外，也为当时集中在巴黎郊外的新兴工业提供了劳力。

——城市供排水系统的修建：据资料介绍，拿破仑三世只醉心于打通道路，对城市的卫生条件并不关心，巴黎供排水问题的解决，可以说完全是奥斯曼的主意。他依靠助手贝尔戈兰德工程师到巴黎郊外寻找新的水源，第一步先从 131 公里外的杜伊河引水到城外的水库；与此同时，他在 1860 年取得了郊外瓦恩山区泉

图 7-2　改造后的巴黎大街和沿街建筑

图 7-3　沿街的"奥斯曼式公寓"与绿化、小品

水的使用权（但是171公里的引水渠到1874年他下台后才建成）。这样，巴黎每天的清水供应量可从1854年的8.6万立方米增加到22.6万立方米。同时，他修筑了庞大的地下污水网，将排除口选择在塞纳河下游，并科学地采取了防止污水倒灌的措施（现在我们许多城市，包括北京，遇到暴雨就出现道路积水，巴黎就没有这个问题）。

——沿街建筑和公共设施的修建：按照皇帝的意愿，在巴黎城东与城西分别建造了两座大型森林公园（文森特与布洛涅森林，由建筑师阿尔方设计），同时，对巴黎的一些标志性历史建筑与公园，如凯旋门、卢浮宫、杜勒里花园、巴黎圣母院、地方法院，以及新建的巴黎歌剧院、国家图书馆、东与北车站等，都在其周围建造了广场或花园（例如，凯旋门就成为十条大街——包括知名的香榭丽舍大街——的交叉中心），更突出了它们的标志性。随着经济的发展，出现了一种新的公共建筑类型，即大型百货商场，很大程度上促使市民消费生活的现代化。

新的大街的兴建，为房地产开发商创造了良好的机遇，沿街兴建了大量“奥斯曼式”的公寓住宅。这些住宅一般为5层高，底层是小商店、咖啡馆等服务设施，二层周边设铁栏杆，供富裕

图7-5　巴黎皇家广场：法国古典主义风格的新住宅区

图7-4　改造前的旧民房

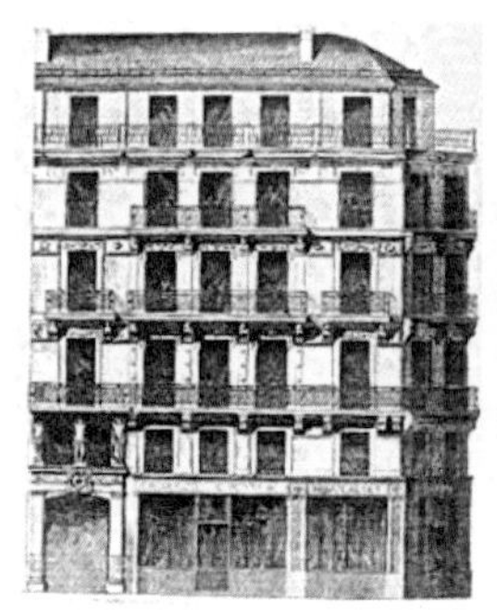

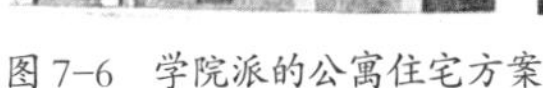
图 7-6　学院派的公寓住宅方案

图 7-7　巴黎歌剧院与奥斯曼式公寓并列

的户主居住，上面几层可以出租给其他住户，最上层是仆人宿舍，上覆盖有陡坡屋顶。这种水平延伸的、沿街立面大同小异的、等高的联排建筑，是 18 世纪巴黎建筑学院布隆戴尔教授提出的类型设计的发展。它的外墙一般用巴黎郊区在工业革命带动下出现的机械锯切割成的方块石砌筑，坚固耐久，简洁有力，人们称之为法国的新古典主义风格。

奥斯曼在旧城拆除中，对原有的标志建筑持保护和慎重的态度，有意识地把这些历史标志物保留为新建大街和广场的中心，成为新城的指路牌。更重要的，是他在拆除旧城废墟上建造的新首都中维持了巴黎的文化延续性。这主要表现在新的大街布局以及沿大街两侧修造的大量“奥斯曼式公寓”，它们吸取了旧民房的传统，又继承和发扬了法国古典主义的城市建筑风格。

法兰西的古典主义风格是逐渐形成的，在 17 世纪路易十四成立法兰西建筑学院后，从理论到实践趋于完整，成为法国的一种民族风格。它提倡一种简洁的形式，着重于通过对称、比例、尺度、秩序感来体现建筑美，而不强调细部的花哨。奥斯曼的大街、广场、沿街树木、成排、等高的建筑正是以其整齐、对称、简洁、富有透视感赋予巴黎以一种新的古典美。这种整体的古典美，固然有奥斯曼个人的作用（他规定了街道的等级、尺度以及对沿街建筑的体形和立面要求），但更重要的是众多建筑师的手笔，做到同中有异，重复而不枯燥。正如美国学者苏特克里夫指出的，这是法国当时建筑师在共同理念下的集体创作，致使巴黎的建筑在标准化的前提下各有特征。“参与、而不是指令，形成了新的巴黎。”[1]雨果写道：“在显见的巴黎下面可以看到古老的巴黎，就像在新的字里行间可以看到老的文本。”[2]（注释1和注释2参见本章“推荐阅读”）

可以说，到19世纪末，人们对奥斯曼的旧城改造多数转而采取了基本肯定的立场。他开辟的城市道路系统至今还能适应现代城市生活（20世纪起添加了地铁系统，但地面系统基本没变）；沿街建造的奥斯曼式公寓成为巴黎的“母体”建筑群，尽管内部多次更新，但外部立面成为政府保护的文化遗产；新的建筑年年出现，但老城风貌依然引人入胜。

我曾经去过巴黎几次，在赞赏它保护旧城“母体”建筑的外部立面时，又强烈地希望能看到它们的内部。所幸的是，这个愿望逐步得到实现，其机会是：

——有一次出席国际建筑师协会的一次会议，其法国籍副主席开招待会，邀请我们去他在公寓内二层的住所。这是奥斯曼式公寓中供房主使用的最高档的层次。我有机会看到它宽敞的客厅和高贵古典的装饰。

——又一次我去访问一位在北京结识的女建筑师（她丈夫是一位企业家）。她家在另一公寓的三层，属于房主出租的层次。我看到了女主人亲自经手的优雅和精致的装饰，与前者的豪华迥然不同。

——再一次最有意义：我应法国建筑师安东·格隆巴的邀请，在他于公寓五层的住所品尝他年轻的拉美夫人准备的简易晚餐。这一层过去是给房主家的仆人住的，现在也出租。这里是建筑师设计的现代简约主义的装饰。饭后，我们在屋顶阳台眺望巴黎夜景，没有高楼大厦的阻挡，一览无遗。这是我一生中难忘的一刻。

三次对奥斯曼式公寓同类但不同点、不同层次的访问，使我体会到混合居住的优越。这里的公寓内居住着不同阶层的住户（当然主要是中产阶级以上的），用不同的风格装饰内部，过着不同情趣的生活，和谐共处。这是何等理想的城市生活！

从奥斯曼的旧城改造，我看到了巴黎的文化延续性以及它巨大的“文化容量”（也就是它在保持古城风貌的同时还要不断提高建筑和城市创新的能力），曾经以“宰相肚里能撑船”来描绘它。我体会到，巴黎的经验在于“保护母体，更新标志，新旧互动，延续与创新结合”，因而成为世界最美丽的城市。

阅读巴黎的奥斯曼式公寓建筑，给我的启示是：

城市的性格决定于它的“母体”。

推荐阅读

1. Anthony Sutcliffe: *Paris, An Architectural History.* New Haven: Yale University Press， 1993.
2. D. P. Jordan: *Transforming Paris: The Life and Labour of Baron Hausmann.* Chicago: University of Chicago.

008 维多利亚时代的两座博物馆

——“求知”文化的分解

我每到一个大型或历史城市，总要找机会去参观它的文化标志：博物/美术馆。它们给我添加自然与人文知识，培育美学欣赏能力。我先后去过巴黎的卢浮宫、圣彼得堡的爱米塔什（冬宫）、纽约的大都会美术馆和现代艺术馆、华盛顿的国家美术馆等大型博物/美术馆，固然是美不胜收，但给我印象更深刻的却往往是一些中型甚至小型的馆。例如，中国的甘肃省博物馆，那里丰富的出土陶俑使我惊悟到河西走廊一带原来竟有过极其丰富的文化，后来却埋没在沙漠之中；还有巴黎将旧车站改造成的奥赛雕塑馆，那里的罗丹作品令人流连忘返。有的原本应当是大型馆却受到资金的限制，例如埃及开罗的国家博物馆，简直是遍地是宝（而且是国宝），杂乱地放在地上，参观者走路也得小心。我联想到自己在纽约大都会美术馆见到的埃及厅，它的一个空旷与宽敞的前厅，就几乎相当于整个埃及国家博物馆半个大小，令人叹息不已。

遗憾的是我没有机会去英国极其丰富的博物/美术馆，只是短暂地走过伦敦泰特美术馆（克洛尔画廊）的陈列室，留下了对透纳所画的惊涛骇浪的印象。事实上，英国的博物馆不仅收藏了本国的历史遗迹，而且还藏有大英帝国历年来在世界各地收罗的宝贝。胡适先生要了解中国的佛学，就得到英国的博物馆去。

我在短促参观泰特美术馆时，就领悟到：一个博物/美术馆要展示自己的宝藏，除了藏品的价值外，还很大程度上依赖于馆的建筑设计。除了外观吸引人外，更重要的是内部建筑空间的处置。这也是所有知名的建筑师，都要以能够设计一个或几个成功的博

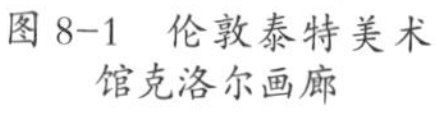

图 8-1 伦敦泰特美术馆克洛尔画廊

图 8-2 巴黎的卢浮宫博物馆

物 / 美术馆作为自己创作业绩的标志的缘故。这里似乎存在着两种设计理念：一是有意地把建筑退至幕后而突出展品；另一是故意突出建筑，而把展品视为瞬时的过客，因为建筑本身也是一件艺术品。两者我都见过，有赞赏的，有否定的，而最不能容忍的是那种像设计仓库那样地设计博物 / 美术馆，然后把展品排列成行敷衍交差的庸俗做法。

我认为博物 / 美术馆是一个城市（一个国家）文化水平的标尺，也是提高整体文化水平的一个杠杆。

我记得有次公差到美国佐治亚州亚特兰大市，从机场乘车进城，那位出租汽车司机友好地问我："您是来看那个博物馆的吧？"（指的是迈耶设计的海伊博物馆）。我只能惭愧地说不是，顿时好像变得"俗气"了好多。

事实上，我也确实专程去看过一个博物馆，就是贝聿铭先生的苏州博物馆。在赞赏建筑设计的同时，却感到深深的失望：难道苏州这样的文化圣地，就这么些展品吗？

我虽然见闻寡陋，但是我总感到从去过的博物 / 美术馆中，我所学到的知识，我所受到的美术熏陶，绝不少于在学校中所得。我在这里将再次提及索菲亚·萨拉的著作：《建筑与叙述——空间与文化意义的形成》。

这本书用“空间句法”的理论，剖析了从公元前5世纪的雅典卫城到21世纪的纽约大都会现代美术馆的改建，长达2500余年中先后出现的十几栋知名建筑的空间设计，从中探索它们显示的文化意义，其中通过对英国维多利亚时代（1837—1901年）两个博物馆的设计，探索了当时（也可说传袭到现代）人类“求知”文化的两个主要途径，很有启示意义。

18世纪后期开始于英国的工业革命带来了一个发明创造的高潮。到19世纪中后期的维多利亚时代（1837—1901年），新的动力机械、工业产品与商品像潮水一样地涌现。城市人口迅速发展，出现了许多崭新的建筑空间类型。例如，展示各种新产品的博览建筑（以1851年建造于伦敦的水晶宫为典型）、大型百货商场（1898年伦敦哈罗德商场首次应用自动扶梯）、宽敞的火车站（例如1848年建造的有19个站台的滑铁卢车站）等。大英帝国征服了全球，成为“太阳不落的国家”。

在这个迅猛发展的时期，出现了发明创造的浪潮。培根“知识就是力量”的名言被广泛接受，学校和教育事业大量发展，城市中出现了很多新型的知识宝库——博物馆和图书馆。萨拉教授在书中论述了两座建造于这个时期的博物馆，即：伦敦的国家自然博物馆（以下简称“自然博物馆”）和格拉斯哥的凯文格罗夫美术博物馆（以下简称“凯文格罗夫馆”）。二者都成为地方标

图8-3 开罗的国家博物馆

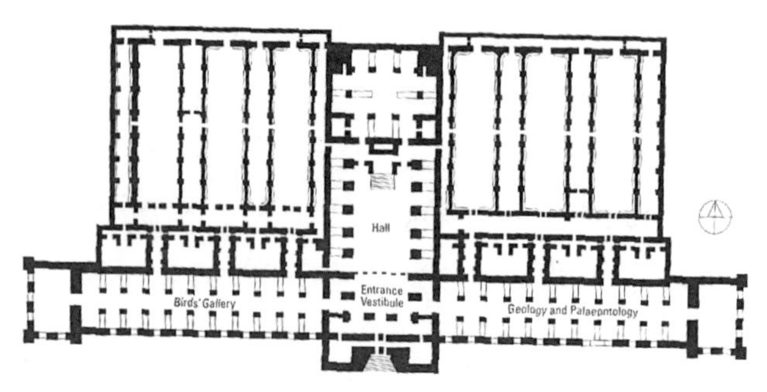

图 8-4 伦敦国家自然博物馆

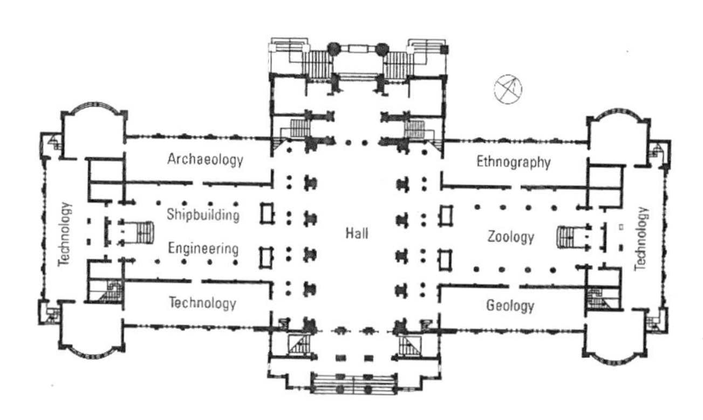

图 8-5 格拉斯哥的凯文格罗夫美术博物馆

志并国际闻名。她分析了它们的空间特征，我虽然不能身历其境，但却从她的分析中得到重要的启示。

从表面上看，这两座博物馆好像相似。二者都坐北朝南，体形对称规整。但实际上，二者在规划理念上决然不同，也导致了其空间布局上的差异。

“自然博物馆”是严格按照科学的“类型学”原理进行布局的。从入口前厅开始，就兵分三路：沿中轴向北是大厅，沿横轴向东西分别为地质 / 古生物学和鸟类学分馆，然后从横轴向北各自有 7 个展廊。各个展室 / 展廊只能按分类次序行进，不能横向跨越。人们在按预定的路线参观后，得到一个完整的自然系统知识，就如从“根 – 茎 – 枝 – 叶 – 花 – 果”的程序认识了一棵大树的全貌。

这里强调的原则是要认识“事物的区别（个性）”。只有了解“个性”，才能了解大自然的整体。

“凯文格罗夫馆”则不同。人们从前厅向北进入较为宽敞的大厅。大厅中既陈列雕塑展品，同时又是一个交通枢纽，它的前后有楼梯可以通到二层的美术展厅，又在底层向东西分别通向地质/生物/人类学以及考古/造船/工程等展厅。东西的展厅都是开放式的，参观者可以自由地由此到彼。这里强调的原则是要了解美术-科学-工艺的交互作用（人的知识和技能是从这种交互中产生的）。这种理念和此馆附近的格拉斯哥大学当时的教学思想是一致和相互呼应的。

索菲亚·萨拉写道：“本研究使我们得以在两座19世纪的博物馆的空间布局和知识组织中理解到我们的主题。自然博物馆的设计受到当时科学方法学的制约。而相反，凯文格罗夫馆的设计却不是知识理论的反映，而是基于展览空间的交互而成为一个潜在新知识的生成器。它的空间布局有利于科学与工商业的社会经济实践之间的交互。”（《建筑与叙述——空间与文化意义的形成》，第158页）

这两座博物馆不同的建筑空间布局使我们联想到雅典卫城中两座神庙。空间的规整与自由又一次反映了文化的双重属性，两座博物馆都反映了英国维多利亚时代的“求知”文化，在这里，科学的严密性要求有一种“叙事”性的文化属性，而求知的自由性则要求一种“探索”性的属性，二者成为求知文化这个不可分离的整体中的两个方面，在建筑空间的设计中得到了表现。

这两种空间设计给我的启示是：

“求知”既需要循规蹈矩，又需要自由开放。

推荐阅读

Sophia Psarra: *Architecture and Narrative: The Formation of Space and Cultural Meaning* [索菲亚·萨拉：建筑与叙述——空间与文化意义的形成]。伦敦、纽约：Routledge，2009年。

009 高迪的建筑

——“地方精灵”的显现

在我去过的欧洲城市中，我最喜欢的是两“巴”：巴黎和巴塞罗那；而在巴塞罗那，我最喜欢的是高迪的建筑。

联合国教科文组织把高迪的7栋建筑列为世界文化遗产，其中最突出的当然是他以半生精力投入的萨格拉达家族教堂。也许是由于我对宗教的偏见，我在他的建筑中最喜欢的是居埃尔公园和米拉宅第。

对高迪建筑的评论很多，给他赋予了众多创作特色：结构理性主义、自然主义、加泰罗尼亚现代主义、宗教热诚……又一致认定他是20世纪现代主义的先驱之一。

以上这些，高迪都兼而有之。然而，对我来说，他最打动我的是：他显现出的巴塞罗那“地方精灵”。

“地方精灵”（genius loci），也有人翻译为“场所精神”（spirit of place），没错，但我更喜欢“精灵”二字，就像一个淘气的妖

图9-1 居埃尔公园

图 9-2　居埃尔公园中的“精灵”

图 9-3　真实世界中的大蜥蜴（摄于美国华盛顿动物园）

精在招摇，其性格就是此地天精地气之所集。居埃尔公园大楼梯中央“龙喷泉”旁的怪兽，就像是这种“精灵”。中国到处有城隍庙，供奉着本地的土地神，也就是“地方精灵”；但是在《西游记》中，这些土地神都只是些唯唯诺诺的废物，未免冤枉了它们。

《牛津建筑学与景观建筑学字典》（J.S. Curl 编著，A Dictionary of Architecture and Landscape Architecture，牛津大学出版社，第2版，2006年）中解释：

> “Genius Loci”是拉丁术语，意为“场所的精灵”，指统帅该地的神灵或精神。每一场所有其独特的品质，不仅在于其物理构成，同时也在于它是如何被认知的，所以应当（但是在许多场合却没有）是建筑师或景观设

计师的责任对这些独特品质具有敏感性，去促进而不是破坏它们。A·蒲柏在……他的《伦理散文》……中写道："建筑与园林……都应当适应于场所的精灵，……美不应当是强制于其上的，而是产生于它的。"

在我看来，高迪建筑的最高价值，就在于他捕捉了加泰罗尼亚/巴塞罗那的"场所精神"，显现了其"地方精灵"。在现代主义的先驱中，高迪与赖特、阿尔托等是这一传统的继承和发扬者；密斯和格罗皮乌斯则出于对普世价值的关注而忽视甚至否定了建筑的地域性；柯布西耶的早期和晚期作品，都程度不同地显现了"地方精灵"，但在其中期作品中，则突出了现代主义的普世性。

加泰罗尼亚是西班牙东北角的一个区，拥有巴塞罗那等4个市，其中巴塞罗那始终是全西班牙的一个经济和文化中心。从公元11世纪开始，这里就形成了有强烈民族意识的加泰隆族，有自己的语言和文化传统，但是长期来受外来的侵略和统治。从1860年起，马德里的统治者就禁止加泰隆人使用自己的语言，一直到第二次世界大战后它才取得区域自治。在长期的斗争中，加泰隆人培养了一种桀骜不驯、独立自主的性格。这就是它"地方精灵"的性格，在高迪和同代人的建筑中，均有表现。

19世纪末，在英国工艺美术运动的影响下，欧洲各国先后出现了新艺术、青年风格、分离派、自由风格等运动，在加泰罗尼亚，

图9-4　门房之一

图9-5　"演艺台"

图9-6　"演艺台"的外沿侧柱

图 9-7 高迪宅第

图 9-8 从居埃尔公园俯览全城

相应地出现了加泰隆现代主义（Catalan Modernisme）。它与后来席卷欧洲和世界的现代主义（Modernism）运动有所区别，但有联系。这一运动，覆盖了美术、文艺、戏剧等各个文化领域。在建筑领域，其代表人物有高迪、蒙塔纳（Lluis Domènech I Montaner）与卡达发赫（Josep Puig I Cadafach）等。除高迪的 7 栋建筑外，蒙塔纳设计的加泰隆音乐宫也被联合国教科文组织选为世界文化遗产。

笔者没有能力具体分析加泰隆现代主义，以及它与国际现代主义的异同，只能就自己访问过的两栋高迪建筑中体会“地方精灵”的表现。

居埃尔公园（建于 1900—1914 年）原来属于富商居埃尔拟投资建造的、追随英国花园城市理念的一个包括 60 个小区的为中产阶级服务的居住社区中的一小部分。这个雄心勃勃的计划未能实现，但这个园区却成为一个城市花园而留芳于世。它主要由 3（4）个部分组成：门房、大楼梯、“演艺台”（以及高迪住所）。

门房有两座，由于它们的童话式形象而超越其功能成为引人入（仙）境的指导。进入园区后，就是一座宫殿式的大楼梯，楼梯分左右两段，夹在中间的斜坡上设几座各有独特姿态的喷泉，喷泉边上有各种雕塑，包括被认为代表“地方精灵”的怪兽。大楼梯的一侧是所谓“演艺台”，其底层拟用作园中的市场，用中间规整的柱式与边上仿自然树木的斜柱所支托的加泰隆穹拱支撑的曲线平面的平台。这个平台据说是为露天演戏之用，其弯曲的周边设置了延续的长凳，长凳外侧有高迪弟子于霍尔（Jujol）设计的靠背，用多彩的废马赛克铺贴。在这三个部分组成的主体边上有高迪的住宅（不是他本人设计，而是从居埃尔处购置后改造的，现在作为高迪博物馆）。

公园位于巴塞罗那城北的高地，从它那富有神话与地方色彩的平台可以俯览全城风光。

米拉宅第（Casa Mila，又称 La Pedrera——矿山），位于巴塞罗那爱桑布勒区的格拉西亚大道（Passeig de Gracia）上。爱桑布勒（Eixample，加泰隆语中为“延伸”之意）区是按西班牙工程师舍尔达（Cerdà）的规划在 19 世纪末至 20 世纪初建造的。它是连接巴塞罗那旧城和郊外的城镇而开发的新城，全区由划分 5 个社区的方格网道路与斜交大道构成，很有些类似巴黎奥斯曼的手法，但不及他的大刀阔斧。即使如此，它仍然给巴塞罗那带来了现代城市的气氛，而区内由高迪（包括萨格拉达家族教堂作为全区主要标志）、蒙塔纳、卡达发赫等“加泰隆现代主义”建筑师所设计的富有色彩的路边建筑则给新城带来了时代与地域特色。

图 9-9　侧看米拉宅第

米拉宅第位于爱桑布勒区内最宽阔的格拉西亚大道上，与高迪的另一杰作巴特洛宅第（Casa Battlo）和卡达发赫设计的阿拿特勒宅第（Casa Anatler）斜向对照，成为旅游者来访的一个重要焦点。

米拉宅第的最大特点就是它的波浪形立面和雕塑型烟囱，与周边正规建筑形成鲜明对比。我第一次对它访问时，正好里面在举行达利的画展，我几乎把高迪的“自然主义”和达利的超现实主义混为一体了。

米拉宅第与邻近的联排建筑一样是6层高，但处于转角上的它比其邻居多一个白色的屋顶层，加上它的奇形烟囱，就使它显得“鹤立鸡群”。但是如果与斜对面的巴特洛和阿拿特勒宅第相对照，则很难说它是唯一标志了。

从它波浪形外表和铁制的阳台与窗户为特征的立面踏入内部，就能看到高迪式的层间楼梯以及两个解决室内采光的天井（一个圆形，另一椭圆形）。有专门的电梯把游客带往屋顶，让我们能看到水平波浪形的屋面、各种雕塑型的烟囱和三个屋顶花园。在这里，游客（宅第在1984年对外开放）可以眺望格拉西亚大道的街景，特别是斜对面同是高迪设计的巴特洛宅第和卡达发赫设计的阿拿特勒宅第。巴特洛宅第的立面用以蓝色为主的马赛克贴面，就像是火山爆发后流淌而下的岩浆，加上用铁条制成的“面具”式阳台，给人以一种正在哭泣的印象。这是高迪的另一杰作，也被列为世界文化遗产。

给我最大启发的是在参观屋顶层内部的高迪制作的结构模型（据说他很少用图纸，而习惯于用模型来表达设计和指导施工）。有一个模型介绍波浪形屋顶的结构，使我惊奇地了解：这个屋顶是用一根直线沿轴线移动时上下波动所造成的。我于是理解，自然界的许多看来是非规则的形体原来是有规则运动所形成的。理性隐藏在许多非理性的表面之下。这样的例子在高迪的许多设计中都有显现，例如在居埃尔花园的“演艺台”边侧由斜柱支托的

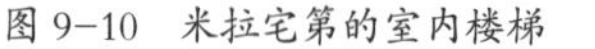
图 9-10 米拉宅第的室内楼梯　　图 9-11 米拉宅第的室内天井

图 9-12 米拉宅第的屋顶和雕塑

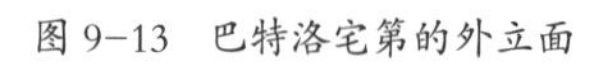
图 9-13 巴特洛宅第的外立面

加泰隆穹拱，以及在萨格拉达家族教堂中采用的树枝型分叉的立柱等。这个认识对我产生了长期的影响。

再回到“地方精灵”。实际上，当初我认为在居埃尔公园的怪兽身上体现了高迪的“精灵”（也有的文献是这样以为的），但若干年后我在美国华盛顿的动物园中发现不过是一只普通的大蜥蜴。

美国建筑史家肯尼思·弗兰姆普敦在《现代建筑—— 一部批判的历史》（张钦楠等译，生活、读书、新知三联书店，第四版，2012 年）指出：高迪深受歌剧作家瓦格纳，特别是他一生最后所

图 9-14　巴塞罗那郊外的“圣山”：蒙特色拉山

作的在 1882 年首次演出的《帕西瓦尔》一剧的影响。这个剧本描写了骑士们寻找圣杯（耶稣最后使用的水杯）的努力，而据传说，圣杯就放在巴塞罗那北部的蒙特色拉山中。这座山以其带锯齿的山形和奇峰著名。弗兰姆普敦认为，高迪在居埃尔公园的“演艺台”、在米拉宅第的屋顶和烟囱设计，乃至最后在萨格拉达家族教堂的尖塔中，都试图用幻想的奇特形象显现加泰隆民族的独立精神——它的“地方精灵”和“场所精神”（而居埃尔公园中的蜥蜴，不过是“精灵”的一个显现而已）。我在看到蒙特色拉的照片后感到，这一阐释要比只用一只蜥蜴来代表，要深刻得多。

我在阅读高迪建筑后的最大启示是：

只有捕捉了某城的“地方精灵”，你才能真正认识这个城市和它的建筑。

推荐阅读

1. C. Norberg-Shulz: *Genius Loci: Towards a Phonomonology of Architecture*，1984.
2. J. Faoli:《高第圣家堂导览》，徐芬兰译，台北：艺术家出版社，2003 年。

010 维也纳的分离派建筑

——与什么“分离”？

2008 年 7 月维也纳的一个阴蒙蒙的早晨，我在环形大道上寻找向往已久的“分离派建筑”（Secession Building）。忽然，我看到了，在一群各自带有不同程度古典色彩的大厦之间，这座头顶金色圆球、一身洁白的小殿堂，就像在一群彪形大汉之间的一位亭亭玉立的、身着白色纱裙的金发小姑娘,令人耳目一新。这就是我在寻找的对象。

这座建成于 1898 年的用于展览 19 世纪末和 20 世纪初欧洲涌现的新艺术作品的小建筑，当时在维也纳掀起了一股批评的热潮：有人称之为“仓库”、“温室”，甚至“公厕”，就像 40 年前国家歌剧院建成时，由国王带头对设计进行攻击，乃至它的两位建筑师，一个自杀，一个疯狂。这次，建筑师顶住了，他们正是要提出挑战，而时间站在他们一边，未几何时，这栋建筑就被维也纳人视为珍宝，一百多年来屹立于环形大道上，默默地对那些风

图 10-1　维也纳分离派建筑

图 10-2　马克·安东尼与狮车雕像

行一时的仿古建筑提出反批评。

我走近了它，时间还早，没有到开放时间，给我以机会环行一周，观看它的四个立面和室外雕塑。雕塑的是古罗马的战将马克·安东尼和他驾驶的狮子战车。安东尼的大名流传很广，特别是莎翁笔下他与埃及艳后克丽奥佩特拉的爱情史，更被后人宣扬得沸沸扬扬，其实他在恺撒被刺后领兵抗击刺杀者，立下了战功，后来被渥大维打败，“败则为寇”。后人对他同情者甚多。雕塑家名 A·斯莱塞，此处的雕塑所指何意，我就不知道了，但如果允许我乱想的话，我则要为他“翻案”。在莎翁笔下他是个好色之徒，迷恋于埃及女皇的美容而不拔。其实我们可以说他的政治纲领是罗马与埃及两大帝国的平等崛起，而渥大维的则是完全征服埃及。

回到建筑：首先是那金光闪闪的球顶。据介绍，它是由 3000 个月桂树叶状镀金片组成。这是维也纳分离派首脑居斯塔夫·克林姆特作品的三大标志之一（另两个标志是：发光闪点和女性形象），是从他父亲那里学来的手艺。

图 10-3 分离派建筑近景

图 10-4 分离派建筑的正立面（左下的文字为“神泉”，为维也纳分离派刊物名称）

球顶底下的建筑物是几何形立方体，洁白表面，壁上的装饰是线条形的花卉、头像和文字。在球体下的正立面上刻有金色的两行文字（曾被抹去，后又恢复），写道：

给每个时代自己的艺术

给艺术以自由

这可以说是分离派的纲领。

在正门的侧边，有三个蛇发女妖的头像，分别代表建筑、雕塑与绘画，这正是分离派要向旧世界进攻的三个战场。在侧立面上，用简单的线条描绘了生长的树木，表述了新艺术即将破土而出。

进入室内，则是顶部采光的展厅，这里每隔一段时间要举行一次艺术展览，展示当地和欧洲其他地方的新艺术作品。

值得注意的是，在地下室的墙上有永久性的壁画。这就是克林姆特在 1902 年为纪念贝多芬所作的长达 34 米的讲述他《第九交响曲》故事的长画。

维也纳分离派（Vienna Secession）指的是 1897 年由 18 名奥地利青年艺术家宣布退出奥地利艺术家协会，自行组织的奥地利艺术家联盟。这些“叛逆”的艺术家以居斯塔夫·克林姆特（Gustav Klimt）为首。他不久前为本地大学提供了三幅分别名为《哲学》、

《医药》、《司法公正》的画，引起了轩然大波。在这群艺术家中，有3名建筑师：奥托·瓦格纳（Otto Wagner）、约瑟夫·豪夫曼（Joseph Hoffman）和约瑟夫·马利亚·奥布列希（Joseph Maria Olbrich，即“分离派建筑”的设计师，当时还不到30岁）。他们的作品都产生了重要的影响。

肯尼思·弗兰姆普敦在《现代建筑—— 一部批判的历史》中有专门一章介绍维也纳分离派设计的建筑及其历史背景。他引述了一位艺术史家的话：

> 一系列显赫建筑——大学、博物馆、剧院和其中最豪华的歌剧院——显示了自由奥地利的造型理想。曾经局限于宫廷的文化流进了市集，大众均可享受。艺术不再只被用来显示贵族的富有高雅或教会的尊严荣耀，它已经成为文明公民的公有财富和装饰手段。环形大道上的精彩结构雄辩地证明：在奥地利，立宪政治和世俗文化已经代替了专制政治和宗教的地位……奥地利经济的发展为更多的家庭追求贵族生活方式提供了基础。富有的自由民或成功的官僚中的许多人取得了像斯蒂夫特（Stifter）1857年写的小说《晚夏》中的冯·里萨男爵那

图10-5　墙饰（三个女妖分别代表：建筑、雕塑、绘画）

图10-6　侧面墙上的线条画

样的显贵专权，他们在市区或郊区建造的“玫瑰住宅”，像陈列馆一般的别墅，成为活跃社会生活的中心。在新贵们的沙龙及社交晚会中，不仅培育了优雅的礼节，而且还带有智慧的实质。英国早期的前拉斐尔学派鼓舞了世纪末的奥地利新艺术运动（使用的名称是“分离派”）。但无论是其仿中世纪的精神或强烈的社会改革冲动，都未能改变奥地利的习惯信条。总而言之，奥地利美学家既不像他们的法国思想伙伴那样脱离其社会，也不像他们的英国伙伴那样置身于社会之中。他们缺乏前者的尖锐的反资产阶级精神，又没有后者的社会改良意愿。奥地利美学家们不是脱离他们的阶级，而是与这个阶级一起脱离了一个挫折了他们的期望和拒绝了他们的价值观的社会，造成了一种既不脱离、又不投入的局面。因此，年轻奥地利的“美的庭园”是特权阶层的休闲地，是一个奇怪地悬挂在现实与乌托邦之间的庭园。它既表达了有美学素养人士的自豪快乐，也表达了社会碌碌无为的人们的自我怀疑。

［自卡尔·肖斯克（Carl Schorske）：《庭园的改造：奥地利文学中的理想和社会》，1970 年］

图 10-7　分离派建筑的展览厅

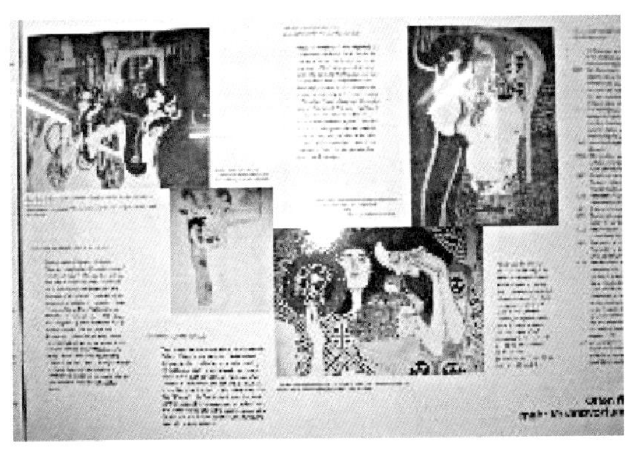

图 10-8　地下室的贝多芬壁画

这段话绝妙地描绘了奥地利“分离派”艺术家的本质，他们既有反叛，又有继承。他们所要分离的是当时弥漫在首都环形大道上的仿古风气，呼吁着新的、脱胎于自然的简约形象。他们的作品都显示了这一特征，给奥地利的城市和建筑带来了新鲜的空气。其中瓦格纳在维也纳储蓄银行、奥布列希在达姆施塔特的婚礼塔楼，以及我最赞赏的豪夫曼 1905—1910 年在布鲁塞尔建造的斯托克勒宫都是如此。

弗兰姆普敦的描述是：

> 1905 年霍夫曼开始了他的杰作——在布鲁塞尔的斯托克勒宫，直到 1910 年才建成。正像佩雷设计的香榭丽舍剧院一样，它那还原的古典装饰对纯美学时期的象征主义美学观表示了含蓄的敬意。但是，与佩雷的剧院不同，斯托克勒宫……基本上是非构筑性的，它的薄片白色大理石饰面与它的金属接缝有着维也纳工作室工艺品的所有风采和雅致，只是尺度放大了。关于它对结构与体量的有意识的否定，塞克勒写道：“这些接缝的金属带产生了一种强烈的线性感，但它与受力线没有任何关系”……。在斯托克勒建筑中，线条在纵向和横向边缘同等出现，它们在构造上是中和的。在那些有两条或者

图 10-9 布鲁塞尔的斯托克勒宫（1905—1910 年）

更多的同向平行线条走到一起的转角，出现了使建筑物体积实体性被否定的效果，它给人的一种始终如一的感觉是：好像墙壁不是由重实物质建成，而是由大张薄片材料组成，并由金属带在接缝处结合以保护其边缘。

弗兰姆普敦把这种"实体性否定"的手法概括为"非物质化"，它频频出现于后来的许多现代建筑中，并终结于密斯创导的"钢+玻璃"的"几乎无物"的现代主义风格中。对此，我们将在后面一章中专门讨论。

这栋建筑给我的启示是：

进步在于分离。

推荐阅读

Kenneth Frampton: *Modern Architecture: A Critical History (Fourth Edition)*, London, Thames and Hudson Ltd., 1980, 1985, 1992, 2007. 中译本：[美] 肯尼思·弗兰姆普敦：《现代建筑——一部批判的历史》，第四版，第二篇第六章，张钦楠等译，生活、读书、新知三联书店，2012 年。

011 巴塞罗那世博会德国馆
——密斯的“现代主义建筑的殿堂”

1996 年夏天（国际建筑师协会大会举行期间）的一个下午，我和刘开济总建筑师步行到巴塞罗那市中心的广场，去参拜密斯·凡·德·罗在 1929 年设计的巴塞罗那世博会德国馆。一批国际建协的元老们也聚集在这里，共同向现代主义建筑的一位创始人表示敬意。

这个不到 1000 平方米的小展览馆，是密斯接受当时德国魏玛共和国的委员长斯尼兹勒的委托，为 1929 年巴塞罗那世界博览会所设计的德国馆。为这个博览会，加泰罗尼亚政府和民间投入了巨大的资金和人力，整修了市中心的广场和道路，兴建了大型美术馆和剧院，还专门建造了一个集中本国民居建筑的村落（名为“西班牙村落”）。这些建筑至今还屹立于巴塞罗那的中心，接待了成千上万个外来访客。而密斯设计的德国馆，除了一个少女雕像

图 11-1　德国馆与周边环境

图 11-2　德国馆本身几乎是全玻璃的围护

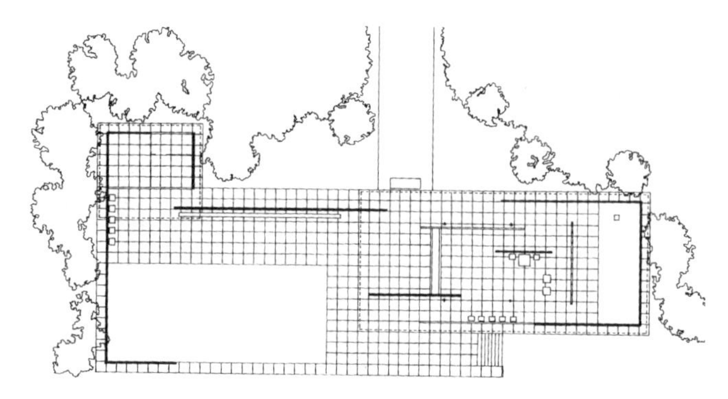

图 11-3　德国馆的平面图（右上角小方块为雕像所在）

和几张密斯设计的桌椅之外，别无其他展品。不过，由于它位于世博会的一个入口处，参观的人群几乎都要经过它，有点像我国庙宇中的“山门”。在世博会闭幕后不久，它就被拆除，只留下了爱好者所拍摄的几幅黑白照片。

随着密斯的声誉日益上升，人们也开始注意他的早年创作。他们发现，这个德国馆属于密斯在 20 世纪 20 年代后期三大作品之一（另两个是 1930 年在捷克建造的图根哈特住宅和 1931 年在柏林为德国建筑展览会建造的示范住宅），而从建筑史中的地位来说，德国馆要居首位。于是有几位西班牙建筑师，自告奋勇地根据照片在 1986 年重新建造了它。这也是我们当天怀着虔诚的心情去参拜的对象。

应当说，这个展览馆，是密斯已经开始成名，还没有达到顶峰；他的创作风格已经开始形成，但还没有完全成熟时期的作品，因而更具有学习、研究和欣赏的价值。在我看来，它是一个“现代主义建筑的殿堂”，因为它凝聚了现代主义建筑的创作理念及其最有代表性的表现。

从远处走近，首先看到的是一个水池后面的白色平板屋顶，它就像飘浮在空中的云彩那样从容地躺在空间。走近，人们见到的是虚实结合的墙体，外面是用石砌的以直角半包围的围墙，里面是正方形建筑本身的玻璃墙。这些玻璃墙的颜色带有密斯精心选择的绿色和黑色，中间嵌入镀铬的金属条。地面也是密斯精选的凝灰岩，构成一个高起原始地面的平台。踏入内部，我们等于进入了一个“密斯空间”：在这里，密斯用8根十字形的镀铬钢柱支托我们在外面见到的飘浮屋顶，同时用虚（玻璃）实（大理石和当地产的条纹石）结合的隔断把长方形的室内空间切割为互相隔离又互相沟通的“流动空间”，在其中安放了他专门设计的“巴塞罗那椅”和其他少数桌椅。在建筑的一端的玻璃墙外，是一个小型水池，角上站立一个似在翩翩起舞的裸体少女的雕像（雕塑家乔格·科尔比）。椅子和雕像是馆内唯一展览的艺术陈设品。显然，密斯在这里并不想展览德国的其他艺术品，而是要展览在德国正在兴起的“现代主义建筑风格”，所以我说它是“现代主义建筑的殿堂”。

这一风格，或可归纳为以下几点：

——否定建筑装饰，重视材质本身：密斯显然认同他的一位

图 11-4　德国馆外观：飘浮的屋顶

图 11-5　德国馆内的隔断

先驱阿道夫·路斯（Adolf Loos，1870—1933年）“装饰是罪恶”的名言，反对和废弃那些庸俗的堆砌，而让材料和材质本身来表达自己；

——重视建筑空间内部的设计：这是现代主义区别于古典主义的一个主要标志。密斯或许没有读过老子的《道德经》，但他对建筑空间的处理，却是对老子“当其无，有室之用”的最佳阐释。从外部装饰转向内部空间，可以说是现代主义建筑的一大革命和贡献。

美国建筑师沙里文有一句名言：“形式追随功能”。这句话在我国也流传极广，甚至被视为现代主义的要旨，并以此批判建筑中的“形式主义”（或“片面追求形式”）。密斯对此是有保留的。在他看来，同一功能，可以有多种形式满足；而同一形式，又可满足多种功能，例如他在德国馆的空间设计，可以满足展馆功能；到图根哈特住宅，可满足住宅设计功能；到芝加哥伊利诺伊理工学院（IIT），可以满足教学要求；而到纽约的西格拉姆大厦，又可以满足写字楼的功能，说明：功能与形式之间尽管有密切的关系，但决不是“一对一”的。

密斯在德国馆的设计中，展示了“流动空间”的魅力。在这一点上，他与赖特是相呼应的。有的评论家认为：德国馆内主厅的隔断，就像赖特住宅中的火炉，是建筑的中心，其他空间离心地向四方扩散。于是在一个空间内，既有中心的凝聚力，又有周围的扩散力，这两种力的对峙，是用绝对隔断的古典建筑中所鲜有的。

20 世纪 80 年代以后，美国密歇根大学的索菲亚·萨拉教授运用“空间句法”的理论，绘制了一名参观者在访问德国馆过程中视觉范围的变化图例，使我们体会到人们在访问中视觉体验的丰富性，加上各种隔断的色彩、质地与透明度的不同，更提供了极其丰富的美感享受。

——强调构造的明晰性。密斯认同他另一个建筑先驱，荷兰的伯尔拉赫（Henri Petrus Berlage，1856—1934 年）的观点：“凡是不能清晰表达其构造的建筑均不应建造。”他认为：“结构是一种哲学概念。它意味着从

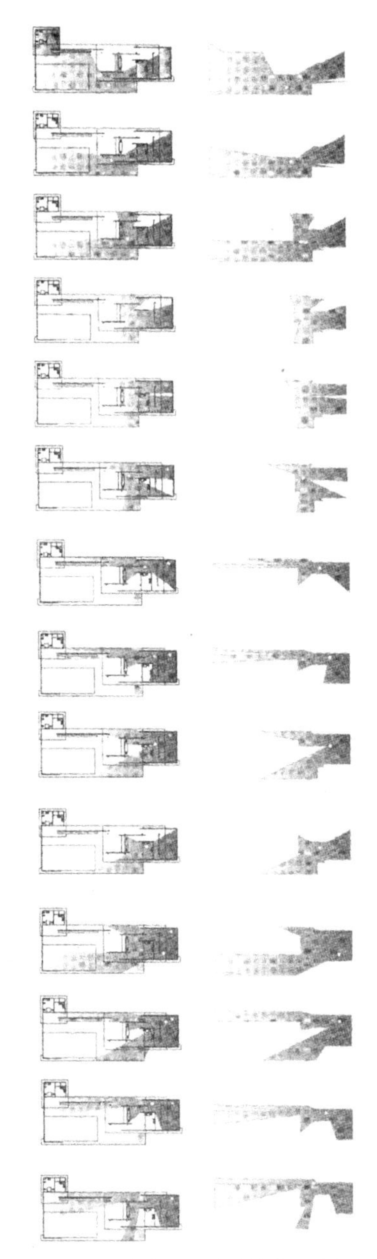

图 11-6 在密斯的德国馆中，访客的空间感受随行走路线而变化（取自索菲亚·萨拉：《建筑与叙述——空间与文化意义的形成》，2009 年）

头到底，包括一切细部都出自同一哲学概念的整体。”最能说明他的观念的是他那“皮包骨”手法（skin-and-bones architecture），以后发展为“钢 + 玻璃”体系而席卷全球。

——简约主义的美学：也就是他所说的“少即是多”和“几乎无物”的美学理念。我们从德国馆的 6 个隔断和 8 根柱子所创造的丰富形象中可以体验到这点。

我参观后的体会：

“空间”是像实体那样可以操作的，从而能创造出实在的意义。

推荐阅读

Sophia Psarra: *Architecture and Narrative: The Formation of Space and Cultural Meaning*, Routledge, London/New York, 2009 [索菲亚·萨拉：建筑与叙述——空间与文化意义的形成]。

从格隆巴想到几位建筑先驱
——为大众盖住宅 *

我首次见到安东·格隆巴（Antoine Grumbach）是在1987年阿根廷一次建筑师盛会上。他介绍了自己在巴黎东北区（较贫困的一区）搞旧城改造的经验。他不是成片推倒，而是一栋栋旧房进行调查，分类对待，有的保留，有的改造，有的换新，改造后又要形成一个整体。此外，他对这个区内原来的工人住宅进行了形态学的研究，从中找到了新住宅的既有继承又有更新的设计。他的报告给我印象极深。回国后，通过建筑学会邀请他来中国参加我们的学术年会。他在会上的报告得到戴念慈、李道增等前辈的高度肯定。戴老在会上提出了"文脉设计"的主张，在国内建筑界引起了广泛的讨论。会后，我带他在北京参观古建筑和新住宅区，

图12-1 格隆巴设计的一个巴黎小区的北端（后面是住宅，前面是印刷作坊）

* 本章所用照片取自互联网 Wikimedia Commons。

图 12-2　小区一角

他很有兴趣，同时也对北京的旧城改造提出了一些不客气的批评。

第二年，我有机会去巴黎开会。他热情地接待了我，抽出一整天时间带我去看他在巴黎东北区进行的旧城改造，又去新城马恩拉瓦雷参观他设计的大学新城，然后在他寓所用晚餐、观夜景，度过了极其丰富和愉快的一天。此后，我们很少交往，最近，我在报上看到他被邀为参与萨科齐总统提出 21 世纪巴黎的规划，知道他依然活跃。

由于他活动的范围主要在巴黎东北区，所以他带我去参观的也是这个区内他的作品。首先是一栋老的贵族府邸的改造。这栋建筑，如果是在中国，早就被画上"拆"字了，但他坚持不拆，把它改造为一家给外国留学生既住宿又补习法语的综合功能建筑。他对旧房的每一部分都精心研究，我甚至在一垛新的砖墙上看到了一根老木条的残余。

然后他带我去一个新建的小区。它位于一个斜崖边缘的公路的另一侧，小区内从北到南有较大的落差。这种地形是一般人不愿问津的，但是他却依坡就势巧妙地以几个高程分别布置了建筑：在北和南端分别布置了多层住宅，在住宅之间有一座小型印刷作坊和一所小学。作坊的职工多数住在小区内，避免了在大城市中远途交通的疲惫，而孩子们又可以就近上学，不必穿越马路。这是一个生产、生活、教学、服务配套的综合社区。

格隆巴并没有设计过多少垂名于世的作品，他默默地在一个几乎被人忘却的城区进行着更新，但是他的劳动却受到了国际建筑界的赞许。我亲眼看到他在阿根廷做完报告之后受到全场千余名听众起身热烈鼓掌。在中国，他的报告也受到大家的欢迎，人们几乎难以想象旧城改造可以这样地做。

格隆巴的劳动，使人感受到一个具有高度社会责任感的建筑师的职业精神，也使我想起在他之前的几位前驱的业绩。

首先使我想起的是德国的布鲁诺·陶特（Bruno Taut，1880—1938 年）。他是一个有犹太血统的德国人，年轻时就接受社会主义理想。在柏林上学后在建筑师赫尔曼·穆特休斯（Herman Muthesius，1861—1927 年）手下工作。后者对德国的设计事业起重要作用。他在德国驻英大使馆工作 6 年，对英国的住宅建设进行了深入考察，同时也受到英国美术与手工艺运动的影响。针对当时德国在工业发展中常规产品粗制滥造的低劣设计，他发起组织德意志制造联盟，在 1910—1916 年间担任其主席，力图通过高品位的设计来振兴德国工业，对后来的密斯、格罗皮乌斯和勒·柯布西耶等都有深远影响。他建议陶特去英国考察花园城市，也对陶特后来的事业产生重要影响。

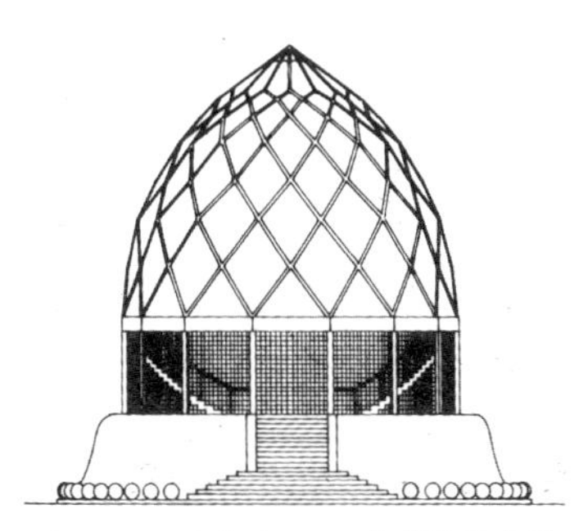

图 12-3　陶特为 1914 年科隆举行的德意志制造联盟建造的“玻璃厅”

陶特的性格中具有浪漫和务实的双重性。他热衷于提出具有乌托邦性质的理想。他在 1914 年为德意志制造联盟展览会建造了一栋“玻璃厅”，预言玻璃将改造建筑和城市（这一点后来部分实现了）。他在 1917 年出版《山岳建筑》（Alpine Architecture）一书，提倡吸取山间民居的自然风格，来建造他的乌托邦世界。他还设想解散城市，建造以农民和手工业者为主的社区。在德国发生镇压斯巴达克武装起义后，他的杂志不能出版，他就组织 18 位志同道合的建筑师 / 艺术家用通信的方式各叙己见，这些信件后来以《玻璃链信件》的名称出版，在现代建筑史上占有重要一席。

另一方面，陶特又以务实的态度从事大众住宅的建造。他于 1924 年担任柏林 GEHAG 住房合作社的总建筑师。在 1924—1931 年间，他的设计团队先后建造了 12000 所住宅，其中最有名的是柏林郊外的“闪电（马蹄形）居住区”（Britz-Hufeisensiedlung）。它因围绕一个水池而得名。这个社区在战争中遭到破坏，战后修复，至今仍在使用，并被联合国教科文组织列为世界文化遗产名录。

希特勒上台后，陶特受到迫害，先后流亡到苏联、瑞士、日本和土耳其，1938 年去世于土耳其。

第二个例子是 1927—1934 年间建造于“红色维也纳”的卡尔·马克思公寓。“红色维也纳”指的是 1918—1934 年间由左派社会民主党执政期间的奥地利首都。社民党在第一次世界大战后的民选中获

图 12–4 柏林闪电住宅区（又称“马蹄形居住区”）

图 12–5 卡尔·马克思公寓正立面

得绝对优势，在周边“黑色农村”的包围下执政 16 年，被美国著名记者约翰·根塞称赞为“可能是世界上组织得最成功的市政府”。它在市民（包括像心理学家弗洛伊德、哲学家维特根斯坦、建筑师路斯、剧作家施尼兹勒、作曲家勋伯格等知名学者和艺术家）的支持下执行了一系列利民举措，突出的就是为大众建造住宅，并以优惠条件出租给低收入户。据统计，从 1925 年至 1934 年，全市新建了 6 万套大众公寓住宅，其中最著名的就是卡尔·马克思公寓。

卡尔·马克思公寓建造在过去被多瑙河淹没的地区，由规划/建筑师卡尔·艾恩设计建造，有 1382 套住宅（每套面积为 30—60 平方米），可供 5000 人左右居住。它的正立面延伸 4 个街坊长，但建筑物只占整个场地面积的 18.5%，其余都是花园和儿童游戏场。人们骄傲地称之为“无产阶级的环形大道”，与内城由皇家贵族修建的豪华环形大道相对照。

这座建筑于 1934 年的内战中部分地遭到纳粹党的野蛮炸毁，后来更名为“海里根公寓”，第二次世界大战后恢复原名，20 世纪 50 年代重新修复，现在成为城市的一个有纪念意义的景点。

应当说，在 20 世纪，特别是第二次世界大战以后，欧洲国家兴建的大众住宅数量众多，形式也丰富多样（包括格隆巴的作品）。但是我们始终不能忘记那些战前的早期例子。

在结束本章时，我们不能不提及现代建筑创始人之一的勒·柯布西耶（1887—1965 年）。在他光辉灿烂的创作生涯的后期（20 世纪 50 年代）所设计的马赛人居单元。

勒·柯布西耶的光辉一生中，创造力像喷泉一样地不断涌现，但是由于各种条件的限制，他的理论和创作天才，多数只能通过单个别墅及公共建筑来体现。他虽然始终有志于设计和建造大众集合住宅，例如在 1922 年与皮尔·让纳雷合作设计的“不动产-别墅”（Immerble-villa）方案（部分地体现在 1925 年巴黎装饰艺术展览会上所建的“新精神”临时建筑中）等。但真正的机会直

图 12-6 马赛人居单元

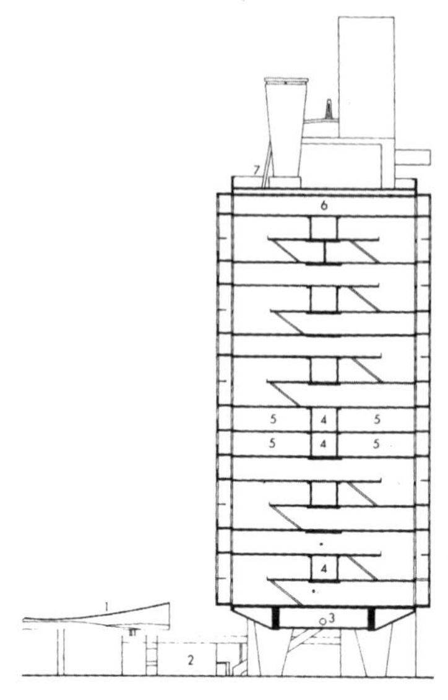

图 12-7 马赛人居单元剖面图
1. 门廊；2. 入口；3. 管道；4. 室内街道；
5. 商店；6. 托儿所；7. 屋顶

到第二次世界大战后的房荒中，他在建造部长的直接委托下进行的一系列“人居单元”（l’unite d’habitation）设计时才取得。这就是先后在马赛（1947—1952 年）、南特（1953 年）、柏林（1956 年）、福雷河上的布里（1957 年）以及他去世后在菲密尼 - 费尔特（1968 年）建成的案例，其中公认为最佳的是马赛公寓。

马赛人居单元是一座典型的垂直花园城市，它的 18 层建筑用粗壮的混凝土结构整个地支托在“柯氏托柱”（pilotis）之上，内有 22 种不同类型的 337 套单元（多数为双层叠合），可分别供单身和有 3—6 个孩子的家庭使用。各单元之间有良好的隔声措施，每户都有 3.66 米宽、4.80 米高的大玻璃窗提供充足的阳光和美丽的景观。单元内有固定厨房、冰箱、备餐桌、壁柜、排烟罩和自动垃圾处置箱。在建筑的第 7—8 层有商业街，住户可以买到新鲜蔬菜和肉类（也可送货上门），又设有营业餐厅和饮茶室。屋顶层有托儿所及幼儿园，可以通向有游戏场和小型戏水池的屋顶花园。

这栋建造于 1952 年的住宅至今还被人居住着。英国建筑评论家威廉·柯蒂斯在 1986 年写道：

> 通常的评论声称（这栋建筑）的住房过于狭窄，进入的廊道过于幽暗，中层的商业街与外界隔绝。还有，顶层平台的屋顶混凝土被含盐空气所腐蚀，等等。但是现在住户看来已克服了这些问题，他们是自己选择居住在这里的，因为他们发现这里是一个使人愉悦的居所……
>
> （参见柯蒂斯《勒·柯布西耶——观念于形式》，第 174 页）。

2007 年的圣诞节，英国皇家建筑师学会（RIBA）主席给所有名誉资深会员邮寄的贺年卡是来自该会图书馆中保存的一幅勒·柯布西耶在 1955 年所作的名为《精神》（Esprit）的石版画。这幅画里有位于蓝天下的支撑在柯氏托柱上的人居单元、绿色的屋顶花园，背后是起伏的山岭，前面有活泼的飞鸟，中间站立着柯氏创作的中心：模数人（Modular man）。

图 12–8　勒·柯布西耶的绿色世界

我非常珍惜这张贺卡，看来在今天我们到处呼喊的"绿色建筑"，勒·柯布西耶早在半个多世纪前就深怀于心了。

阅读了欧洲这些建筑师先驱在工人住宅上所做的努力后，我的体会是：

做好住宅设计，关键要有一颗爱人的心。

推荐阅读

Eve Blau: *The Architecture of Red Vienna*（红色维也纳的建筑），1919–1934, The MIT Press（March 19, 1999）.

013 屈米的拉维莱特城市公园

——理性的解构与非理性的意义

在20世纪，不论是在艺术创作，或是在建筑空间设计领域中，都出现了“客观性”（objectivity）与“非理性”（irrationality）的对立，也就是尼采所说的，阿波罗与狄奥尼西斯的争斗。前者是知性的、几何的、直线的；后者是感情的、直觉的、曲线的。前者代表了理智与逻辑；后者代表了神秘与自发。我们在20世纪末在巴黎拉

图13–1 巴黎科学与工业城

图 13-2 拉维莱特公园平面："规整"的方格网和"不规整"的"疯狂物"（红点所在）

维莱特公园区建造的一组建筑（密特朗总统在 20 世纪 80 年代在巴黎主持建造的 12 个"大工程"之一）中可见到这一对立。

拉维莱特公园位于巴黎东北角，是城市的一个较为欠发达的角落，可能因此被选为"密特朗十大工程"的尾声。它主要由两个项目组成：科学与工业城以及室外的城市公园。前者由法国建筑师费恩西尔贝设计，是一座包罗在大玻璃罩内法国最大的科学馆，它包括各种先进技术的展览和植物园、水族馆、图书馆、IMAX 电影院和儿童中心等。它的建筑空间设计是几何的、理性的（也可以说是"十大工程"中最无特色的）。后者由法国 / 瑞士建筑师屈米设计，它根本不像个传统的公园：在规整的方格网的交点上，竖立了 35 个"疯狂物"（les follies）。它们用涂上鲜红油漆的钢梁，组成各种"非理性"的构架，像废弃的拖拉机，或是炸弹爆炸后的废墟，或是半途而废的建筑框架……，它们组成了这座"解构主义"的"公园"。据说密特朗总统对这项工程极不满意，他当面对屈米建议修改"疯狂物"的称呼，却被建筑师顶了回去。

图 13-3 屈米的“疯狂物”之一

由此也可看到法国对建筑评选结果和对建筑师的尊重。笔者曾经说过：巴黎是“宰相肚里可撑船”，它能以高品位包容各种艺术（和建筑）流派的风格，从而使自己成为世界文化的一个杰出的中心。

解构主义鼻祖德里达有两位亲密的建筑师朋友（信徒），就是美国的彼得·埃森曼和法国/瑞士的屈米（后任美国哥伦比亚大学建筑学院院长）。拉维莱特城市公园是屈米有意识地推行解构主义的代表作，受到德里达本人的肯定。它与对面的科学与工业城形成鲜明的对照，似乎在告诉人们，在我们引以为荣的理性知识世界之外，还存在一个广大的、未知的非理性世界。我们或者可以说，它预示了一种“超知”文化（culture over our knowledge）的降临，也就是说，人们热衷于追求那些超出我们现在已知的世界的神秘领域。

随着德里达在2004年的去世，“解构”一词开始进入历史，但是他对结构理性的批判却延续下来。一种对非理性的颂扬，在20世纪末到21世纪初，在艺术和建筑界有了进一步的发展。特别具有嘲讽意义的是：当今一些最脍炙人口的“非理性”（又称为“非线性”）建筑，竟是用最先进的科学技术——电脑数码技术——所自动生成（或称“涌现”）的。

事实上，历史的发展已经告诉我们，人类并不是万能的，他的唯一长处就在于能知道自己的不足，然后能寻找和开发超越自己能力同时又能为自己创造可利用和控制的工具/手段。于是，起重机能帮助我们举重，飞机能帮助我们超音速地旅行，望远镜能使我们看到远方的星球，显微镜能使我们看到微生物……，同样，我们也应当承认，我们的知识及认知、创新能力是很有限的，客观世界仍然有一大片超出我们的理性而我们至今还不能理解的事物，艺术家多年来就通过他们的艺术手段向我们启示了这一非理性、超理性的世界的存在。这是一个人类试图征服但永远不可能绝尽的领域。

正如莎士比亚借哈姆雷特之口所说：

何瑞修，宇宙间无奇不有，不是你的哲学全能梦想得到的……

［见梁实秋译《莎士比亚全集·哈姆雷特》，内蒙古文化出版社，

图 13-4　F·盖里设计的洛杉矶迪斯尼音乐厅外景

1995年，下卷，第545页。原文为：

Hamlet: There are more things in heaven and earth, Horatio, than are dreamt of in your philosophy.（Hamlet:Act I, Scene V），或可译为："何瑞修，天地间所包容的一切，远超过你的哲学所能梦想。"]

这种非理性表现在建筑界的代表，可能是加拿大/美国建筑师弗兰克·盖里。他在西班牙的毕尔巴鄂，借用飞机设计的电脑软件，设计了一座奇形的古根海姆博物馆（1997年建成），立即引起了全球性的震动。建筑史家肯尼思·弗兰姆普敦对它进行了尖锐的批评："……毕尔巴鄂古根海姆博物馆的非定型的、触角性的形状……有人说这个变形的'船壳'暗示了这块场地上原有的船坞，很显然，它那特别流动的外形以及那引人的钛合金外壳与它内部发生的任何事情毫不相关。换句话说，即使有这种有机的形状，它却悖论式地与任何建筑学和自然界中所存在的形体内潜在的生

图13-5 F·盖里设计的美国麻省理工学院斯泰塔中心

物形态组织无关。”但是，这种“非理性”的建筑空间处理，却风靡全球。一时间，美国各大小城市，都竞相邀请盖里来设计自己的“名片”。到现在为止，已有西雅图的“体验音乐厅”（2000年）、洛杉矶的迪斯尼音乐厅（2003年）和麻省理工学院的斯泰塔中心（2004年）等建成使用。后者在最高学府的出现，当然引起各种争议，有人说它是“扭曲的可口可乐罐头的堆垒”，但是学院的一些“精英”还比较乐意在其中工作学习，认为可以“启发创新的构思”。据说北京也有人愿意重金聘请盖里来制作“名片”，与“鸟巢”争雄。

继盖里之后，欧美各国掀起了一个用电脑构思建筑空间的热潮，有人称之为“参数设计主义”，也就是说，你可以向电脑输入若干参数（例如当地的太阳轨迹、路过的车辆密度等），电脑可以自动生成人脑难以构思出来的建筑空间（介绍这种设计方法的有美国阿里·拉辛姆所著的《催化形制》一书，中国建筑工业出版社出版）。笔者所以称之为“超知”文化，也因为在这方面，电脑似乎能够超越人脑的智能。甚至有人称它为“21世纪的国际风格”。

笔者本人曾经在迪斯尼音乐厅最高一排听过音乐，发现座位舒适、音色优美，说明盖里“卖弄”的主要是建筑空间的外形，而他对建筑内部的功能却是很注意的（也许弗兰姆普敦所批评的毕尔巴鄂馆是一例外）。

需要指出的是，现在走红的参数设计法，并不一定都产出“非理性”，相反，它有可能通过电脑的特殊功能，解决一些需要复杂运算的数学课题，提出一些人们习惯认为是“非理性”，但实质上具有理性的答案。从哲学的角度说，它可能向我们提示：我们所掌握的“理性”极限必须不断扩大，不断进入那些现在被视为“非理性”的领域。正如福柯所指出的：“……危险在于人们不去审察混乱（所造成）的模糊领域。”（2002年）

有意思的是，当人们把这些“非理性”建筑空间视为“神秘的象征”时，也有人把它们理解为一种“语义的多样性”（semantic plurality）或“阐释的无限性”（interpretive infinity）。它可以理解为建筑师把建筑的诠释权赋予了公众。于是，总有人试图对这些“非理性”给予“理性”的阐释，例如，把屈米的“疯狂物”解释为“正在建造中的新世界”；或者把盖里的博物馆解释为一艘打捞起来、装满文物的古船……在这里，从雅典卫城开始显现的建筑空间中“规整与自由”的对立有了新的延伸。

我对“非理性”的理解是：

“非理性”是客观的存在，需要我们去追究。否定它，就否定进步。

推荐阅读

A. Rashim, *Catalytic Formation: Architectural and Digital Design*。中译本：催化形制——建筑与数字化设计，叶欣等译，中国建筑工业出版社，2012 年。

哈迪德的"冰风暴"

014

——"未来的宣言"还是歧途的指路牌？

我记得，1983年，中国建筑学会在香港建筑师潘祖尧先生的推荐下，邀请了英国建筑师丹尼斯·拉斯登爵士和澳大利亚建筑师约翰·安德鲁到北京做学术报告。那天，千人大礼堂坐得满满的，刚从"打倒一切"的"文化大革命"噩梦中醒觉过来的人们，渴望了解境外的建筑发展。年迈的陈占祥先生自告奋勇走上讲台担当别人都难以胜任的口译。在我记忆中，这可以说是我国建筑界对外开放的一个起端。

后来我们知道，两位国际知名的建筑师是在香港参加一个国际竞赛后应邀来华的。这次竞赛是为了在香港的顶峰建造一栋体育俱乐部的标志性建筑。在国际评委的挑选下，一位初出茅庐的伊拉克/英国籍犹太血统女建筑师扎哈·哈迪德的方案取胜。这件事在当时的国际建筑界引起了极大的注意和兴趣。

图 14-1　北京银河 Soho 之一

然而，她的方案却不受讲求（经济）实效的香港开发商的欢迎，他们否定了这个方案，代之以经济效益很高，但缺乏标志性的常规建筑（我在若干年后才看到这个方案，给我的印象像似几层楼板被爆炸后又重叠的样子，再后来我又醒悟到它显示了一种被释放的能量）。

以后，我又知道，哈迪德多次在世界各地的方案竞赛中取胜，但都遭到像香港顶峰那样的命运。她的方案，因造型奇特，施工困难，所以不受开发商的欢迎，因此，有评论者称，是“好看不好用”。然而，她在这个困境中却毫不退让，直到 1994 年，才在德国维特拉家具公司有了她第一栋得到建造的项目：一个小型消防站。这栋建筑造型也很特殊，以致有传说称它因“不适用”而被改为展览馆。事实上，这家公司的原来意图就是要把自己的总部院落建成一个名家的“签字”群体，因而在哈迪德之外，还把美国的盖里、日本的安藤忠雄、葡萄牙的西扎等请来，设计了不

图 14-2　北京银河 Soho 之二

同的项目，蔚为大观，成为一个旅游参观景点。哈迪德的设计由消防站改为展览馆，倒是适得其所。

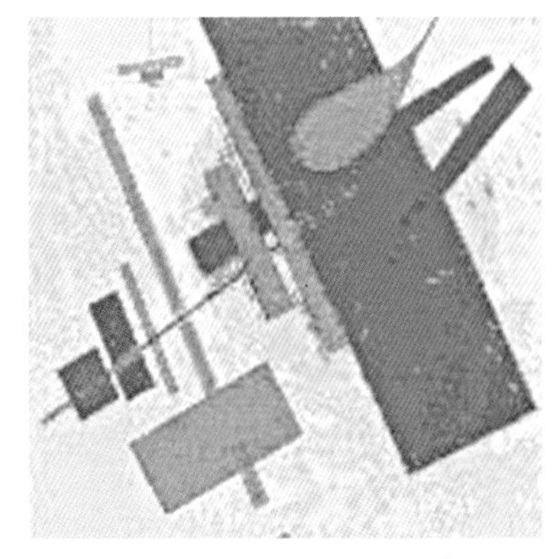

图 14-3 “至上主义”的抽象画

哈迪德的设计不断更新，有的像蜿蜒爬行的蛇，有的像鼓足气的囊包，有的像舒展中的地毯，有的像飞行着的楼板……它们被人们称许，也被人们所拒绝。她的厄运逆转可能是在21世纪初，她在奥地利滑雪圣地因斯布鲁克设计的滑雪跳台（2002年建成）以及她在美国辛辛那提市设计的当代美术馆（2003年建成）受到了几乎普遍的好评。她在2004年荣获普利茨克国际建筑奖。此后，她的设计不断得到实现，委托纷纷而来，以至她现在拥有了一个具有350名设计师的事务所。但她并没有停止新的探索，以致她的作品（罗马国家21世纪美术馆和艾弗林·格蕾丝学院）在2010—2011年连续两年获得英国皇家建筑师学会斯特林奖——即年度最佳设计奖。她的作品也来到中国：2010年在广州建成的大剧院、2012年在北京建成的银河Soho（银河）等都出自她手。

哈迪德的作品曾被评论家归类于“解构”，后来又被视为“非线性”（“非理性”）的典型，等等。但是实际上她的作品难以归类，而是无可争议地具有强烈的个性。人们通常用两“态”来形容：动态和流态，但这又显得过于简单化，因为17世纪的巴洛克建筑也都具有这些特征。

对哈迪德的作品，现在已有多种介绍、评论和分析。我认为最好的是评论家约瑟夫·乔瓦尼尼在2005年普利茨克颁奖仪式上的演讲；而最恰切剖析哈迪德创作思想的莫过于她本人在这一仪式上的答谢词。

哈迪德声称：她在伦敦AA学院就学于库哈斯和曾格里斯时，特别醉心于苏联十月革命后的新兴建筑师马勒维奇（Kazmir Malevch，1879—1935年）和艾尔·里西斯基（El Lissitsky，1890—1941年）。他们以“至上主义”（suprematism）的绘画著名。在他们的影响下，哈迪德放弃了用丁字尺和三角板制图，而改为用抽象画表达自己的构思。她用透明纸把这些抽象画叠合，创造了“三维至上主义”风格。

哈迪德认为，我们面临的世界具有“更高层次的复杂性”，因而“不再存在单一的公式，也不存在普世适用的答案和重复解题”。

因此，她认为，“为了应对这种复杂性的上升，我们需要在空间和建构的限制范围内试图组织和表达动态过程……我主要的关怀始终是组织，而不是表达。”正如乔瓦尼尼所说，“对哈迪德来说，空间已经不再被人们理解为一个牛顿式的空穴，而是一个传递力量的爱因斯坦式媒体。”也就是说，在哈迪德的空间中，你总能感到有一股力量把你推向她指点的方向。

值得注意的是从她职业生涯的中途开始，她对数字化技术倾注了悉心的研究。她认为，“新的数字化工具把建筑学拉进一个

图 14-4 “冰风暴”（取自互联网）

前所未见的机会领域。因此，我现在的一个关注是开发一种以这些新工具为基础的建筑学有机语言，它使我们能够把高度复杂的形体组合在一个流动和无缝的整体之中。”

对哈迪德创作思想解剖最深的可能是她的合作伙伴：帕特里克·舒马赫（Patrick Shumacher）。他可以说是哈迪德事务所的理论权威，著作甚丰，最著名的是两卷本的“Autopoeiesis of Architecture”（《建筑学的自组性组织系统》）。关于他的论说，国内已有很多介绍，远超过本人的理解程度。

舒马赫对哈迪德的创作赋予众多的名称,除了“自组性……”之外，最时兴的是“参数化主义”（parametricism）。它与现在流行于世的“参数设计法”（parametric design）不是一个概念。后者是一种利用电脑的设计构思辅助方法，而前者则是一种建筑风格，被舒马赫称誉为“21世纪的国际风格”［从笔者所知，介绍后者的书有美国宾夕法尼亚大学拉辛姆教授的《催化形制》（见本章推荐阅读3），而介绍前者的可能莫过于舒马赫的名著（见推荐阅读4）了］。

在这样的一个理解中，让我们来看哈迪德2003年为威尼斯MAK展览会所做的（与舒马赫合作设计），被誉为“未来的宣言”的“冰风暴”。它可以被视作一个新型的居住单元，也可以理解为一个大型雕塑。从一个角度看，它像是一架展翼待飞的飞机；从另一个角度看，它又像一个收缩的螺壳，一个现代“洞穴”，里面组合了哈迪德所设计的多项固定和活动家具与陈设。哈迪德对它的描写是：

> 最重要的是运动，事物的流态，一种非欧几里得的几何，没有任何一点是重复的：这是一种新的空间秩序。

现在，21世纪已经过去了13年，我们的世界还决不是一个玫瑰园，人们甚至在谈论世界末日。至少，哈迪德所称的“更高层次的复杂性”是一个明显的事实。她所创作的动态建筑也确实从某一角度反映了这一特征，因而能引起人们的情感反应。但是，在我看来，她的这些杰作，也只能是“凤毛麟角”，不可能大家都这么干。事实上，20世纪被大肆宣扬的“国际风格”，早已成为人们谴责的对象（我国各个城市的“同质化”也与此有关）。在21世纪多元化的时代，再要来一个“统一的国际风格”，岂不又是一场灾难。

我认为：真正能代表“未来”的，是哈迪德那种面临挫折仍不屈不挠，面临荣誉仍不骄不懈，以及她那自始至终的探索（包括对创作工具的探索）精神。这是我们这个处于高度复杂性的环境中唯一能取得生存和发展的保证。

推荐阅读

1. 扎哈·哈迪德在2004年普利茨克奖授奖仪式上的讲话。
2. 约瑟夫·乔瓦尼尼（Joseph Giovanini）：《扎哈·哈迪德的建筑》（The Architecture of Zaha Hadid），2004年普利茨克奖授奖仪式上的演讲。
3. Ali Rahim: *Catalytic Formations: Architecture and Digital Design*, Taylor & Francis, 2006. 中译本：《催化形制》，[美]阿里·拉希姆著，叶欣等译，中国建筑工业出版社，2012年。
4. Patrick Schumacher, *Autopoeisis of Architecture*, John. Wiley & Sons, 2011.

第二部分　国内建筑

“高台”与“阙楼”

015

——从汉画像砖石看“中国建筑特色”的起源

那是在 1983 年，中国建筑学会派施宜、刘开济和笔者去悉尼参加澳大利亚皇家建筑师学会举办的学术年会。会议组织去参观著名的歌剧院。进入场地时，一位日本建筑师朋友——长岛孝一（Koishi Nagashima）对笔者说：

> 平台与高架（Platform and podium）——伍重的构思是从中国来的。

走近一看，这些优美的曲线拱顶确实是建造在高架平台上的，但是否从中国学来的呢？笔者还是将信将疑。

若干年后，笔者和几位友人翻译美国建筑史家肯尼思·弗兰姆普敦的《现代建筑—— 一部批判的历史》时，惊奇地发现，作者的观点不仅与长岛的相同，而且还更有新意。在他看来，不仅是高架平台，而且连那些曲线拱顶也是中国宝塔的化身。他在评论伍重 1976 年设计的巴格斯瓦德教堂时说：

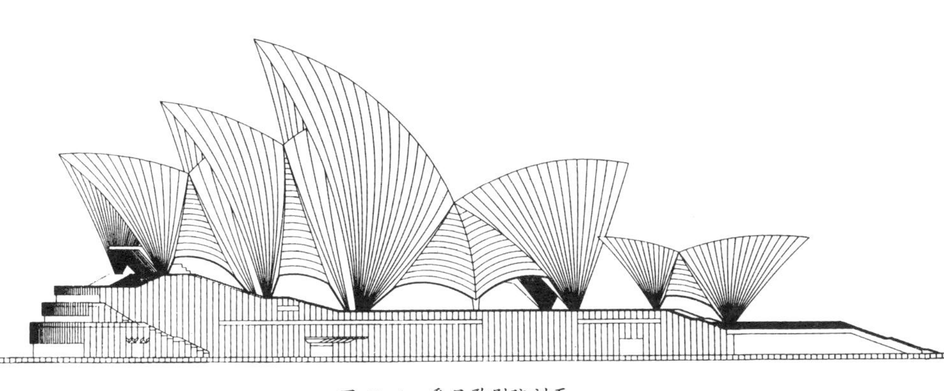

图 15-1　悉尼歌剧院剖面

这种拱顶与钢桁架相比是一种较不经济的结构模式，是由于其象征作用而被有意识地采用的。拱在西方文化中象征着神圣，但是在这里所采用的高构筑形体却很难说是西方的。事实上，这种形体剖面被用于神圣语境的唯一先例是在东方，见之于中国的宝塔。这点伍重在他 1962 年所写的重要论文《平台与高地：一名丹麦建筑师的观念》（Platform and Plateaus: Ideas of a Danish Architect）中提到过

（见《现代建筑—— 一部批判的历史》，第四版，张钦楠等译，北京三联书店，2012 年，第三篇第五章）

[在他另一本书《建构文化研究》（Studies in Tectonic Culture，1995 年；王骏阳译，中国建筑工业出版社，2007 年）"约翰·伍重：跨文化形式与建构的意喻"一章中对伍重受中国建筑（包括《营造法式》一书）的影响有更详细的分析。]

笔者在此无意炫耀我们中国的建筑对世界建筑起了多大多大的影响，只是从一个角度来说明"高台"与"高塔"被一些外人认定为中国建筑（特别是指标志建筑）的两大特色。

我们可以从自己的实物和文献中找到根据。

由汉代流传下来的《三辅黄图》（见何清谷校注《三辅黄图校注》，三秦出版社，1995 年）中，对长安地区的台、阙有较详尽的记载。

更形象的可见之于汉代的画像砖、画像石及陶质明器，以及现在还残存在内地的若干汉代阙楼遗迹。

"高台"与"阙楼"，开始是从功能要求（防潮与瞭望）出发而设置的，后来却发展为房主社会地位的标志。建筑考古学家杨鸿勋先生写道：

原始的穴居、半穴居曾给人们以潮湿危害的教训……氏族公社……晚期出现了明确的分层夯筑的居住面。夯

筑技术的发明，在中国建筑史上具有重大的意义……由于具备了夯筑技术的条件，居住面升至地面并未停止，而是继续增长，形成一个高出地面的基础。……帝王、诸侯的宫殿，除单体建筑的基座之外，夯筑的范围更扩大到整个庭院，即整组建筑置于夯土台上，这就具备了高台建筑的雏形。

（见杨鸿勋《建筑考古学论文集》，文物出版社，1987年，第83页）

下面组合了几张图：从图b的汉画像砖的左上角主人住房可见高出地面的室内夯土地坪，在图a所示的贵族行乐场所则成为木构的“高架”，到图d中明清北京天坛这样的皇家建筑，就可以看到极为精致的汉白玉高台，成为中国标志性建筑的不可缺少的

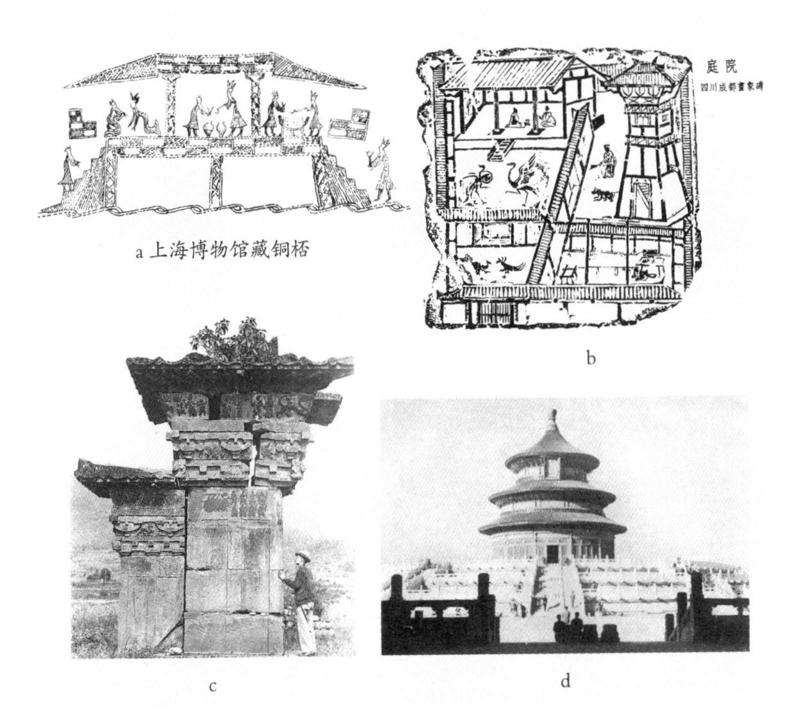

a 上海博物馆藏铜梧

b

c

d

图15-2　汉代画像砖、石中的台、阙与北京天坛祈年殿

构成部分。至今，在北京人民大会堂、上海大剧院等现代建筑中仍继续沿用。

再说“阙楼”。图 c 是现在仍在四川雅安的实物，这是汉代贵族墓旁竖立的阙，其形制和雕刻都极为精美。图 b 是汉画像砖中刻画的一个贵族庄园，它的阙楼看来是作为瞭望用的，但也有夸耀的作用。刘敦桢先生在《中国古代建筑史》中写道：

> 汉朝组群建筑的另一特点是发展了春秋以来的传统，在宫殿、陵寝、祠庙和坟墓的外部建阙，以加强整个组群建筑所要求的隆重感。阙的形式：一种在台基上用砖石或砖石木混合的结构方法建阙身，上覆单檐或重檐屋顶，或在阙身左右再附加子阙。二阙之间，一般为道路， 也有子阙与围墙相连的。这种左右对立中间断开的阙，唐宋两代的陵基中仍然使用。另一种在左右两阙之间建门屋或楼，连为一体，经两晋、南北朝到唐朝，用于宫殿及其他组群建筑的前部。

（见《中国古代建筑史》，第二版，中国建筑工业出版社，1984 年。第 78 页）

图 15-3　四川成都画像碑中的阙楼

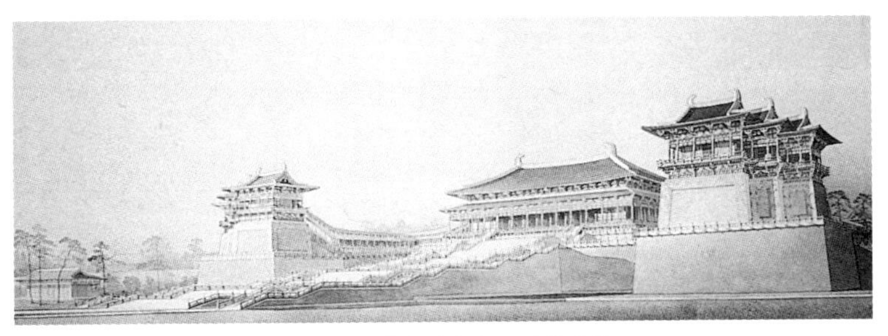

图 15-4 唐大明宫含元殿复原图

在春秋战国时期，阙已经在诸侯贵族的官邸作为权威的象征而使用。秦始皇统一全国后，策划建造阿房宫，“阁道通骊山八十余里，表南山之巅以为阙，络樊川以为池”（见《三辅黄图校注》，三秦出版社，1995 年，第 45 页）。把自然山岳作为“阙”，可见其气派之大。

史书中对刘邦和萧何的一段对话的记载很有意思。萧何乘刘邦外出之际增建了长安的未央宫，刘邦回来后，见其“壮丽太甚”，大发雷霆，说：

天下匈匈苦数岁，成败未可知，是何治宫室过度也。

萧何对曰：

以天下未定，故可因以就宫室，且天子以四海为家，非令壮丽无以重威，勿令后世有以加也。

上悦，自栎阳徙居焉。

据《三辅黄图校注》记：萧何当年建的有：“东阙、北阙、前殿、武库、太仓”，其中北阙是中央阙，“天子号令赏罚所由出也。”刘邦认为是“壮丽太甚”的，主要可能指的是它，其实不过是两个装修后的木头架子而已。萧何懂得用“较小代价取得较大效果”的道理，以“形制与雕刻”来取得“壮丽”的效果，是其聪明之处。

萧何所说的“勿令后世有以加也”，恐怕连他自己也知道是骗骗人的。事实上，几代以后，到了汉武帝时代，就大动土木，

"以城中为小，乃于宫西跨城池作飞阁，通（城外的）建章宫，构辇道以上下"（据记载，这一跨城池的飞阁，一天也走不完）。又到处建"阙"："古歌云：'长安城西有双阙，上有双铜雀，一鸣五谷声，再鸣五谷熟'"，这与萧何的建阙思想完全相背了。

但是，萧何的设计思想仍有继承者，这就是唐贞观时期的两位杰出的建筑师/艺术家：阎立德与阎立本兄弟。他们本着李世民"遵意于朴厚，无情于壮丽"的原则，设计了初唐的"三宫两殿"，其中之一就是利用隋朝的大兴殿，改名为太极殿，仅在北侧增设阙楼，也达到了"更新换代"的目的。

然而到了下一代高宗就不同了，他以自己有风湿病为借口，放弃太极殿，在大明宫址修造宏伟的含元殿。在正殿两侧，用曲廊通向边上的高阁，代替了惯用的阙楼。

从此，阙楼退出宫廷建筑，但民间（也包括部分官建）却出现了一种新型的中国式高层建筑，这就是宝塔。

《中国古代建筑史》（第90页）中写道：

（南北朝期间），全国各地建造了很多的塔。塔的概念和形制，导源于印度的窣堵坡。窣堵坡是为藏置佛的舍利和遗物而建造的，是由台座、覆钵、宝匣和相轮四部分所构成的实心建筑物。但是从公元前2世纪起，窣堵坡的台座逐步增高，相轮加至3个。到公元12世纪，犍陀罗贵霜王朝的窣堵坡下部承以方台，原来覆钵下的台座发展为三、四层的塔身，上部相轮增至11个，整个形体瘦而高，是一个巨大的改变。除了窣堵坡以外，印度早期佛教建筑中有利用传统的圆形小祠庙，内部安置窣堵坡，做礼拜和供养对象的，称为支提（或制多）。这种支提在孔雀王朝末期发展为前方后圆的纵长平面，或前后二室，以走道相连。而犍陀罗遗迹中则有平面方形、上加圆顶、内提佛像的支提，形状很像单层小塔。此外，印度3世纪还出现了和婆罗门教的天祠相类似的密檐塔，平面方形或“亞”字形，玄奘的《大唐西域记》称它为大精舍。中国的塔有的虽然仍藏舍利，但塔的功能、结构和形式，结合中国建筑的传统，创造了中国楼阁式木塔，塔内不但供奉佛像，还可以登临远眺。原来的窣堵坡缩小了，安置于塔顶之上，称为刹。刹既具有宗教意义，同时对塔的形象又发挥了装饰的作用。至于支提和大精舍两种形式的塔传入中国后，与中国的建筑的传统手法相结合，创造了单层的和密檐的两种形式的塔。

这种佛塔（宝塔）遍布中国各地，成为城镇与乡村的地标，成为诗人和画家描绘的对象，在民间的意义，远超过宗教的含义。

到了现代，这种宝塔又让位于商业性的摩天楼。各个城市出现的“欲与天公试比高”的热潮，在多位“现代汉武帝”的推动下，正在占领着我们的城市景观，然而，它已经不再是中国的建筑传统了。

体会：

“高”即“壮丽”，起自萧何，但他用于辅助建筑；现代人追求“壮丽”，用于建筑主体，是“新发明”。

推荐阅读

肯尼思·弗兰姆普敦：《建构文化研究》（Studies in Tectonic Culture，1995年；王骏阳译，中国建筑工业出版社，2007年）中“约翰·伍重：跨文化形式与建构的意喻”一章。

“斗栱”

016

——从唐佛光寺看中国建筑中的“浪漫主义”

一直想去五台山朝拜我的“保护神”——文殊。我是1963年在尼泊尔搞援外时首次听到他的，传说加德满都河谷原来是一个湖，文殊用宝剑把西南的山头辟开，湖水退走，形成肥沃土地，养育了一个民族。他后来“迁居”中国的五台山，被奉为“智慧之神”，他使我觉悟到有一个“知识王国”的存在。这个“知识王国”帮助我渡过了一些动荡的年代。

我终于在2009年（78岁）如愿以偿。那一年的夏天，与老伴和儿子包了一辆小车前去。

第一天在路上，司机推荐我们去参观曲阳的北岳庙。我进去后才发现这里有元代的建筑，还有吴道子的画，实是意外收获。

第二天整天在五台山，这里到处是文殊的像，但一点不生动，完全不是我想象中的“智慧之神”，比起泉州的老子像要差之远矣。这里也没有武当山那股“仙”气。

第三天一早我们就启程，在回北京前要先去西边的佛光寺，这是我国仅存的几座唐代建筑之一。

汽车颠簸在看似平地、实不平坦的道路上，经过了一座座简朴的农舍，在我以为司机走错路的时候，忽然看到了指示牌。再经过一段颠簸，终于到了佛光寺的门口。

我还是引述刘敦桢先生对他的描述：

> 五台山是唐朝华严宗的重要基地，而佛光寺是当时五台山“十大寺”之一。这个寺位置在一个向西的山坡上，因此主要轴线采取东西向。寺的总平面，适应着地形处

理成三个平台，第一层平台较宽阔，北部有金天会十五年（公元 1137 年）建造的文殊殿，南侧和它对称的观音殿已不存在。第二层台上只有些近代建造的次要建筑。后面也就是第三层平台，以高峻的挡土墙砌成，上建正殿。

据文献记载，此寺在唐太和年间（公元 827—835 年）以前，有一座七间 3 层的弥勒阁。现在的正殿则是唐大中十一年（公元 857 年）所建。按五代时记载，当时殿阁并存。依地形推测，弥勒阁可能建于现在的第二层平台上，为全寺的主体，此寺的正殿虽比南禅寺正殿晚 75

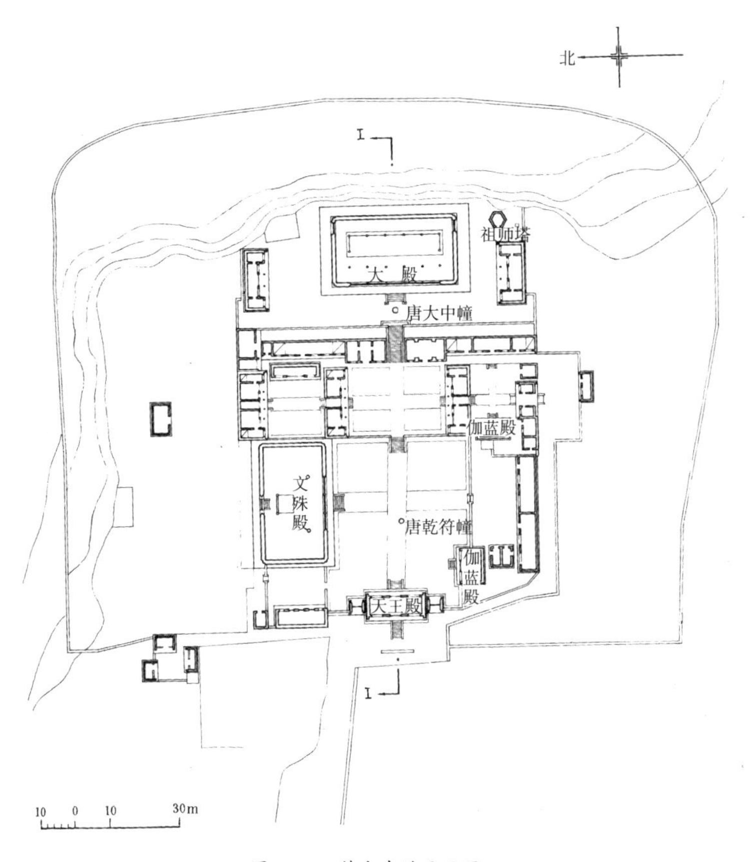

图 16-1 佛光寺总平面图

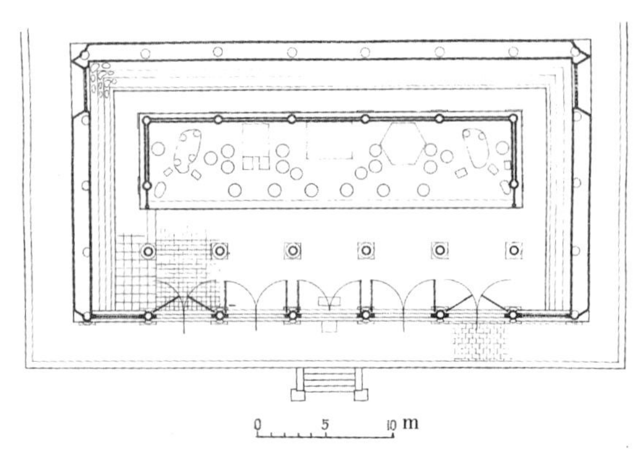

图 16-2 佛光寺大殿平面图

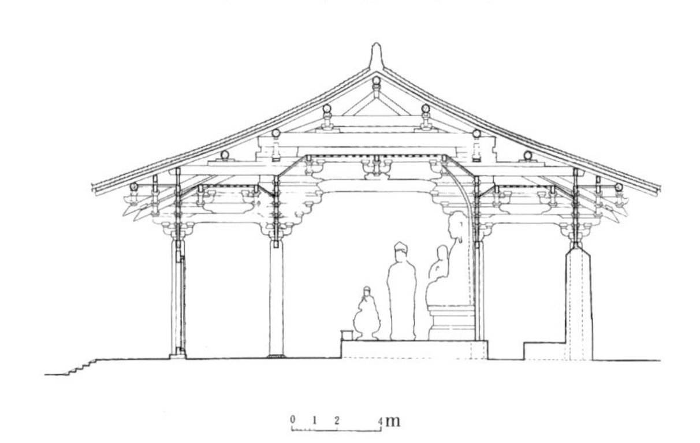

图 16-3 佛光寺大殿剖面图

年，但规模较大，而且在后世修葺中改动极少。作为唐代木构殿堂的范例，是二者中较好的一个。

正殿面阔七间，进深四间。其柱网由内外两周柱组成，形成面阔五间，进深两间的内槽和一周外槽。内槽后半部建一巨大佛坛，对着开间正中置三座主佛及胁侍菩萨，坛上还散置菩萨、力神等二十余尊，都是唐代的作品，但沿山墙和后壁列置的罗汉像是后代增添。殿前面中央五间设板门，两尽端开窗，其余三面围以厚墙，仅山墙后部开小窗。

佛光寺大殿在创造佛殿建筑艺术方面，表现了结构和艺术的统一，也表现在简单的平面里创造丰富的空间艺术的高度水平。这是中国古代建筑的优秀传统之一。

（见《中国古代建筑史》，第 134 页）

我们从没有气派的入口进入，就到了书中所写的第一层，在密密的大树后面，可以隐约地看到大殿的一部分。在底下这一层次上，有金代建造的文殊殿，有两位死板着脸的年轻姑娘，对人十分冷淡，还不准我拍摄殿前宣传画里的文殊像，令人十分无趣。

我们轻松地走过荒凉的第二层平台，来到一个又窄又陡的踏步，司机连扶带推地“帮”我登上第三层平台，几乎使我的心脏都跳出来了。到了第三层平台，我终于看到了我们“千里迢迢”而来要看的唐代建筑——大殿，却遇到大门紧闭，仅有的两位姑娘又在下面，绝不可能上来为我们开门。我们只能在大殿外面徘徊拍照。

这时我开始猜想这个大殿何以能保存至今？可以有两个答案：

——答案一：当时的主要建筑是第二层的弥勒阁，在“灭佛”运动中把阁毁了，后面的“大殿”在当时被人当作附属建筑而逃

图 16-4　树丛中的佛光寺正殿

图 16-5　佛光寺的斗栱

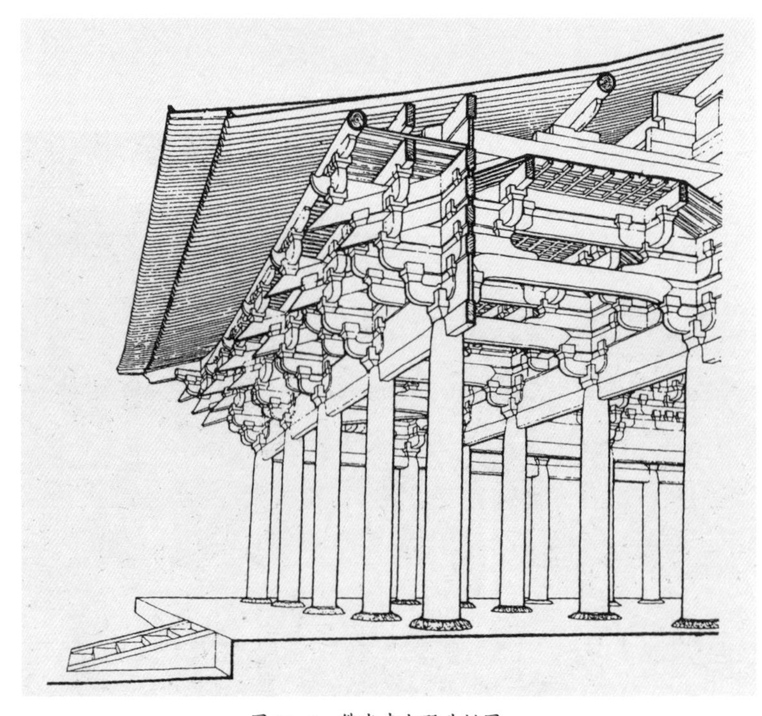

图 16-6　佛光寺大殿斗栱图

脱劫害。

——答案二：这块佛光显现的圣地，受到当地农民（包括一些地方官员）的保护，默默地抵制了从“灭佛”运动到“十年浩劫”的破坏之手。

我更愿意相信第二个答案，它解答了这座“千年古刹”何以能保存至今，也回答了我们中国的许多文化遗产何以能保护、继承、发扬到今天。

佛寺大门紧闭，平台上又没有一个坐处，我只能跻身于大殿板门的门槛上，休息我那仍然剧烈跳动的心。它让我得以抬头看到那挑出4米的屋檐和支托它的粗壮斗栱，使我想起《诗经·斯干》中的描绘：

原文	白话翻译
如跂斯翼	宫高如人跷脚站
如矢斯棘	墙角如箭棱分明
如鸟斯革	屋宇如鸟张翅膀
如翚斯飞	好像野鸡展翅翔

（以上取自《诗经》，崔仲雷编，哈尔滨出版社，2011年）

一刹那，我感到自己看到了中国建筑的灵魂，看到了中国木建筑生命力的所在，给我留下了终生难忘的印象。

回北京后，我又阅读了《梁思成文集·二》（中国建筑工业出版社，1984年）中的《斗栱》二篇。它们写于1936年、佛光寺被发现之前，但是从文中列举的日本奈良和河北蓟县（辽代）建筑的实物，与汉画像石、砖中的斗栱比较，可看到唐代建筑的斗栱已具备“斗、栱、昂、枋”等四大要素，成为一个完整的构筑体系。尽管它很粗壮，整个斗栱体系占柱身高度的一半，但是它所创缔的形象，给人以强烈的力感，成为构成梁公以“豪劲”二字描述唐代建筑的重要因素，与胡适先生所述的“第一次文艺复兴”的时代感相呼应。

胡适先生说：

……从历史上看，中国的文艺复兴曾有好几次。唐代一批伟大诗人的出现，与此同时的古文复兴运动，以及作为印度佛教的中国改良版的禅宗的产生——这些代表中国文化的第一次复兴。……

[见胡适《中国的文艺复兴》(英汉对照)，欧阳哲生、刘红中编，外语教学与研究出版社，2001年。第三章：中国的文艺复兴]

显然，这个文艺复兴的浪潮，也必然反映在建筑中，我把它称为中国建筑中的浪漫主义。

推荐阅读

1. 《梁思成文集·二》(中国建筑工业出版社，1984年)中的《斗栱》二篇，写于1936年。
2. 梁思成：《图像中国建筑史》[(英文原著：A Pictoral History of Chinese Architecture)，费慰梅编，梁从诫译，天津：百花文艺出版社，2001年]中"佛光寺"(第166—179页)。

017 "减柱"
——从宋晋祠圣母殿看中国建筑中的"理性主义"

在中国的古建筑中，给我印象最深的是山西五台县的唐佛光寺，其次是山西太原的晋祠圣母殿。前者堪称中国建筑中浪漫主义的典范，而后者则是理性主义的范例。

刘敦桢先生在《中国古代建筑史》中对圣母殿的描述是：

> 山西太原的晋祠圣母庙是一组带有园林风味的祠庙建筑。沿着主要部分的纵轴线上，建石桥、铁狮子、金人台、献殿、飞梁、圣母殿等（图 17-2）。圣母殿重建于北宋天圣年间（公元 1023—1032 年），东向，面阔七间，进深六间，重檐歇山顶，四周施围廊，是《营造法式》所谓"副阶周匝"形式的实例，所不同的前廊

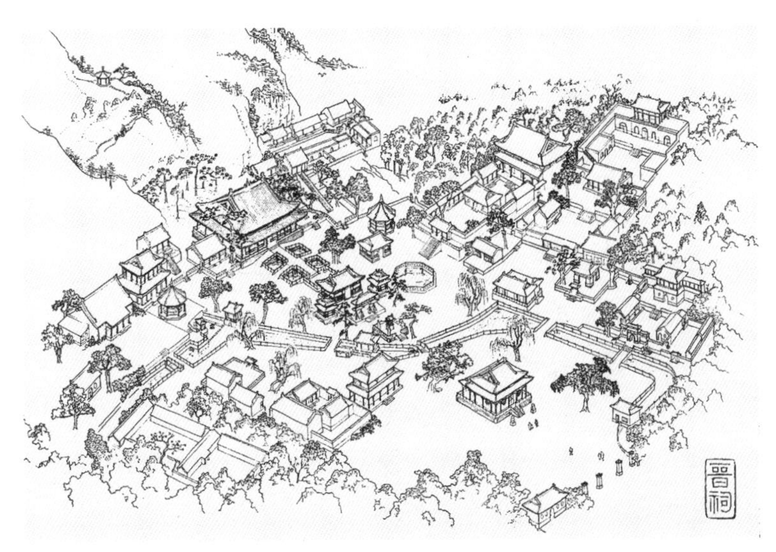

图 17-1　山西太原晋祠鸟瞰图

图 17-2 圣母殿侧景全貌

深两间，而殿内无柱，使用通长三间（六架椽）的长栿承载上部梁架荷重，此殿斗栱用材较大，室内采用彻上露明造，显得内部甚为高敞。殿内有四十尊侍女塑像，神态各异，是宋塑中的精品。在外观上这殿角柱生起颇为显著，而上檐柱尤甚，使整座建筑具有柔和的外形，与唐代建筑雄朴的风格不同。

飞梁是殿前方形的鱼沼上一座平面十字形的桥，四向通到对岸。对于圣母殿，又起着殿前平台的作用，是善于利用地形的设计手法。桥下立于水中的石柱和柱上的斗栱、梁木都还是宋朝原造。飞梁前面有重建于金大定八年（1168 年）的献殿，面阔三面，单檐歇山顶，造型轻巧，在风格上与主要建筑圣母殿取得和谐一致的效果。

（见《中国古代建筑史》第二版，第 196—197 页，中国建筑工业出版社，1984 年）

据记载，晋祠初建于公元 5 世纪，是为周成王封其弟叔虞（有

图 17-3 圣母殿前廊内景

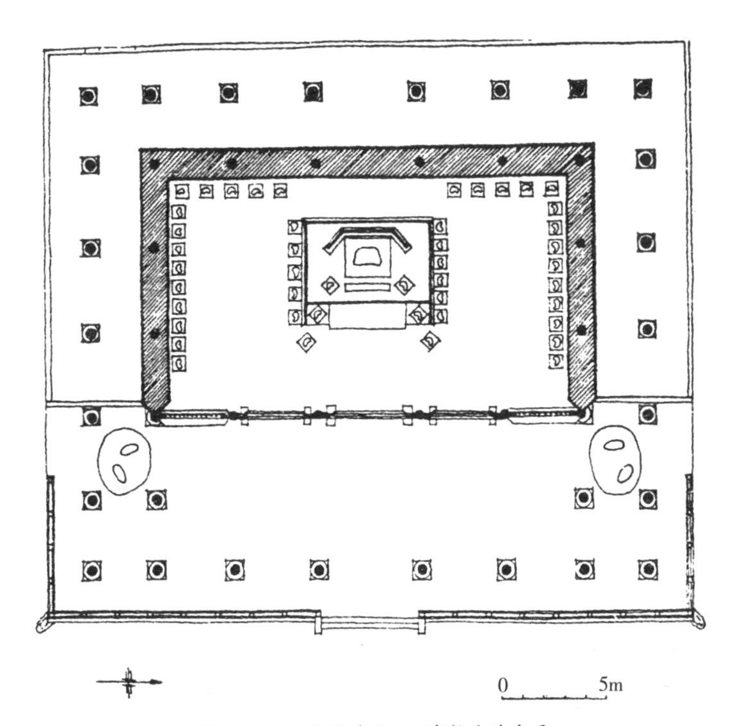

图 17-4 圣母殿横剖面：减柱法的应用

名的“天子无戏言”、“剪桐封弟”的故事）而建的，同时供奉叔虞的母亲邑姜。后人把邑姜奉为水母，感谢她为晋中广大田地提供了灌溉水源，因而称她为“圣母”。圣母殿也在公元 11 世纪地震破坏后重修时替代叔虞殿而成为全祠的中心。在中国历史上，以妇女为主修造的大型寺殿可说是绝无仅有。只此一点就可以体会到我国宋代理性主义之盛。

我从建筑和艺术上理解它的“理性”主要在于它的“减柱”、“雕塑”、“斗栱”，或可再加上门前的“飞梁”。

——“减柱”：

当我们经过那些有飞龙盘旋的前排柱列进入大殿有两间深的前廊时，就可以看到大殿内部宽阔的空间，简直很难想象人们在一千年前能创作出如此宽敞和高大的自由空间。这就是宋、辽、金代建筑师们喜用的“减柱法”(用三角架替代大梁)的效果。刘敦桢教授写道：

图 17–5　圣母殿侍女雕塑（宋朝）

金继辽、宋而统治中原和北方，在建筑结构上反映了宋、辽建筑相互影响的结果。辽开始的减柱、移柱做法，在金代遗物中数见不鲜，如朔县崇福寺弥陀殿和五台山佛光寺文殊殿、大同善化寺三圣殿等，都为适应功能需要而把内部柱子做了一定调整，因而使梁架的

图 17-6　圣母殿斗栱

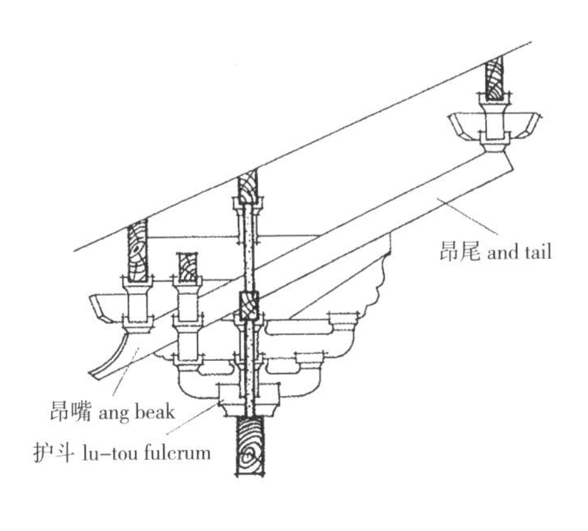

图 17-7　成熟的斗栱构造

布置比辽代建筑更为灵活。其中如文殊殿、弥陀殿都因减去内柱，在柱上使用了大跨度的横向复梁以承纵向的屋架，而文殊殿的复梁竟长达面阔三间。文殊殿建于金天会十五年（公元 1137 年）上距金灭宋不过 10 年，不难推测这种减柱和复梁的做法可能在北宋已经开始了。后来，元代某些地方建筑则直接继承了金代这种灵活处理柱网和结构的传统。……至于宋代建筑柱身加高、斗栱减小、补间铺作增多、屋顶坡度加大等手法，在金代建筑中也都得到体现……

（同上，第 246 页）

这种通过巧妙的结构手法减去（或移动）室内立柱（在圣母殿就减去了 16 根柱子），从而取得室内空间的极大自由度的做法，是宋代建筑理性主义的一个突出的表现。

——雕塑：

晋祠中最有艺术价值的是圣母殿中陪伴圣母的 42 具侍女雕塑，她们显现了不同的年龄、不同的职责、不同的服饰，又各有不同的表情，喜怒哀乐俱全。栩栩若生。这是中国（和世界）现实主义（理性主义）艺术的精华。

我从来没有完整地看到过这 42 具雕塑和圣母一起的展示，但我始终记得自己第一次看到其中一个塑像时感到的震撼。这种震撼，是我在国内和国外多个博物 / 美术馆中所没有经历过的。

——斗栱：

我是先在晋祠看到宋代的斗栱，再在佛光寺看到唐代的斗栱的，二者形成鲜明的对比。唐代的斗栱粗壮有力，而宋代的则温文有序，显示了一种成熟稳妥的理性主义。然后它也到达了一个技术和艺术的顶峰，以后到明清，斗栱日益成为一种纯粹的装饰，它的生命力也指日可待了。

梁思成先生把宋、辽、金时期的中国建筑归结为“醇和时期”（约公元 1000—1400 年间），其基本特点是“典雅优美”。这与胡适先生的观点相互印证：

> 11 世纪的伟大改革运动，随后出现的强有力的新儒家世俗哲学；逐渐压倒并最终取代中世纪宗教。宋代所有这些重要的发展、变化，可看成是第二次文艺复兴……
>
> [见胡适《中国的文艺复兴》（英汉对照，欧阳哲生、刘红中编，外语教学与研究出版社，2001 年。第三章：中国的文艺复兴）]

应该说，这一时期中国文化的基本特征是理性主义。

宋朝建筑中的理性主义，终结于李诫所编的《营造法式》。应当说，这种理性是有深刻的社会历史与文化背景的。除胡适先生所述的“第二次文艺复兴”的诸多特征之外，我们特别要强调当时社会对兴学和知识的重视。唐朝固然重视知识分子，但将知识分子都拉去做官（李世民手下有十八学士），而且盛行赋诗作文，顾不上学术研究，于是学术上出现“大空位时代”。到了宋代，风气又变。这得从开国皇帝起始，宋太祖曾说：“朕欲尽令武臣读书，知为治之道”，于是办学之风大起，公学、私学都大事发展，其中以南阳、岳麓、睢阳、白鹿洞等四家最为有名。有意思的是，在这种风气下，学者不再是旨在当官，而以办学为荣。宋代出现“理学五子”（周敦颐、张载、程颢、程颐、朱熹），他们综合儒道佛思想，发展了对宇宙观 / 人生观进行系统阐释的中国特色的“理学”。他们虽也有当官的，但仍以办学为其主要业绩。人们可以对他们的学说进行批判，但是不能否认，他们代表了一个时期的时代特征，这种特征也不可避免地反映在建筑中。

本来，中国的建筑，经历了汉唐的浪漫主义和宋辽金的理性主义，应当可以有一个进一步的发展。然而，元大都在刘秉忠、郭守敬和也黑迭儿等杰出的建筑师的协同下建造的生态城市（可见拙作《中国古代建筑师》）在明朝的专制统治下被扼杀，只能是昙花一现，中国的官方建筑从此走上追求奢华、繁琐的道路，尽管有技巧上的进步以及民间富有生气的园林和民宅，但整个社会避免不了一种保守、停滞的精神状态。在此，我不禁又想起梁思成教授在 1936 年所写的话：

> 自宋而后，中国建筑的结构，盛极而衰，颓侈的现象已发现了……其演变的途径在外观上是由大而小，由雄壮而纤巧；在结构上是由简而繁，由机能的而装饰的，一天天的演化，到今日而达最低的境界，再退一步，中国建筑便将失去它一切的美德，而成为一种纯形式上的名称了。

这种保守、停滞，到后来又遭遇到一股全面否定和盲目破坏的恶风，不能不令人长为叹息。

推荐阅读

梁思成：《图像中国建筑史》（英文原著：A Pictoral History of Chinese Architecture，费慰梅编，梁从诚译，天津：百花文艺出版社，2001 年）中“醇和时期”（第 221—286 页），其中晋祠部分见第 242—253 页。

018 民间的智慧

——从解州关帝庙看老百姓塑造的“皇帝”

梁思成教授在 1936 年写道：

> 自宋而后，中国建筑的结构，盛极而衰，颓侈的现象已发现了……其演变的途径在外观上是由大而小，由雄壮而纤巧；在结构上是由简而繁，由机能的而装饰的，一天天的演化，到今日而达最低的境界，再退一步，中国建筑便将失去它一切的美德，而成为一种纯形式上的名称了。
>
> （见《梁思成文集（二）》，第 307 页）

他把明清的建筑的时代特征归结为“羁直时期”（The Period of Rigidity），也就是“僵化时期”。他特别指出：

> 在清朝 268 年的统治时期中，所有的皇家建筑都千篇一律，这一点是任何近代极权国家都难以做到的。
>
> （见《中国图像建筑史》第 304 页）

我喜欢看古建筑，特别是明清以前的建筑；对于明清建筑，我喜欢看民宅（包括民间园林）；对于那个时期的官方建筑，我比较喜欢看造于深山中的，例如湖北武当山和青海瞿昙寺等；至于对那些建造于京城（以及地方上“御敕”）的皇家建筑，则总有一种别样的感觉：只觉得它们在技巧上很精致，但是缺乏一种上进的精神，有的只是保守和对奢华的追求。

在那些偏远的官方建筑中，我特别喜欢山西“解”（当地人念“hai”）州的关帝庙。因为在这里我看到老百姓的机智，他们在皇家阐释的外衣下，塑造了一个自己心中的英雄皇帝——关羽。事实上，整个关帝庙是民间的创造。

在历史上，关羽是失败者，曹操是成功者，但是到了后世，前者成为人民心目中的大英雄，而后者却赢得了一个“奸雄”的恶名，几辈子都得涂上个大白脸。“关公”显灵惩恶的传说越来越多，人民崇拜他，把他视为自己的保护神和救星。明代徐渭，把关羽与孔子的影响做了个比较，发现后者的祠堂（文庙）“止于郡县”，而前者的（关帝庙）却“上自都城，下至墟落，虽烟火数家，亦糜不聚金构祠，肖像以临……”。

奇怪的是，各代当皇帝的，在这件事上居然也“顺从民意”，给他封赏越来越高的官位：从侯到公，从公到真君，从真君到王，最后封为与自己平起平坐的帝。到清光绪年间，还给了他一个26字长的封号：“忠义神武灵佑仁勇显威护国保民精诚绥靖翊赞宣德关圣大帝”，叹为观止了。但仔细一看，原来这个“大帝”也不好当，现世的皇帝给天上的“大帝”提出了一系列的政治品质上的要求，我辈凡民，当然要以之为学习榜样了。

英国有位作家叫托马斯·卡莱尔（1795—1881年），写了一本《论英雄、英雄崇拜和历史中的英雄事迹》（1841年）的演讲集，其中他列举了人们崇拜的六种对象：神灵（奥古斯都）、先知（穆罕默德）、牧师（路得、诺克斯）、诗人（但丁、莎士比亚）、思想家（约翰逊、卢骚、勃恩斯）和帝王（克伦威尔、拿破仑等），其中帝王集中了前几类人的品质（作者指出，德文中的“王”的意思就是“能人”）。他是“最能干的人，最真心、最公正、最高贵的人，他嘱咐我们去做的事也是最明智、最适宜的……”。在这里，作者告诉我们的是：人民崇拜的帝王，实际上是他们心目中的理想人物，是他们根据自己的理想所塑造的帝王（这当然是在民主制度出现之前）。在中国，关羽就是这样的一个“帝”。

于是我们面前就有了两个“关帝”。光绪皇帝和他以前的君王所定义的“关帝”，和人民所崇拜和塑造的“关帝”。这两个“关帝”，同时出现在遍布全国的关帝庙中。

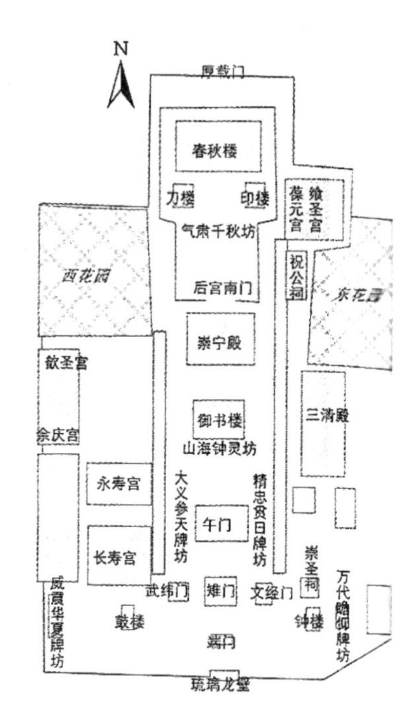

图 18-1　解州关帝庙总平面图

在全国星罗棋布的关帝庙（现在各大城市的饭店里，几乎都能见到关羽的塑像和牌位）中，最大的要算建造在他故乡山西解州的那座了。这座占地 17.5 万平方米的大庙据说最早建造于隋大业年间（605—618 年），以后历代扩建或重建，到清朝达到最高峰，所以今天还能见到各代清帝所题的匾额。然而，正是在这里，我们又能看到历代工匠和百姓们所作的“手脚”。阅读这座关帝庙，学习如何去解读朝廷和百姓各自输入的信息，是一件非常有趣的“解构主义”的练习。

这里说的“庙”，表面看来却很少“庙”的特征，毋宁说是座“宫”，其形制有点像北京故宫那种“前朝后寝”的格式。在这里，人们和在皇宫一样，首先经过三座门（端门、雉门和午门）到达坐落在三座牌坊后的大殿（御书楼和崇宁殿）。前面的御书楼顾名思义悬挂着康熙皇帝的题匾；后面的崇宁殿是中心，它位于高台上，导游书上描绘的是：“面宽七间，进深六间，重檐歇山顶，四周钩栏。殿顶覆琉璃脊饰瓦件，檐下斗栱繁密……”，“颇有帝王宫殿气派。”里面供奉关帝坐像，又有，康熙、乾隆、咸丰所题的匾额。关羽在世之日，哪里见到过此种世面？按理说，“殿”应当是皇帝议事的场所，关公又如何议事？所以朝廷修造此殿，完全是摆摆样子的，但百姓却另有想法。

正是在这里，淘气的工匠和百姓把这座庄严肃穆的宫殿转化

图 18-2 关帝庙御书楼

为民间游乐的庙会场所，使关帝显现出“人民性”的形象。人们迈过雉门时，可见到里面的台阶两侧都留有缺口，在需要的时刻关上大门、搭上木板就成为一个面阔三间、进深二间的演关公戏的舞台，舞台后面早就留出了两个边门可通向演员用的后台。内侧的午门和雉门之间的空地是剧场。午门实际上是个过厅，宽大厅堂的壁上画着关羽生平事迹，周围石栏杆的栏板上充满了民间故事的浮雕，也带来了民间色彩。

御书楼原名八卦楼，体形高大，登上二层，可欣赏周围景色；头上有民间工匠们创造的八卦顶楼结构；楼的游览意义早就超过了“御书”的训诲作用。更令人惊奇的是主楼崇义殿。这里虽然也有康熙和乾隆等的御笔，但人们的注意力完全被底层周边 26 根巨大石雕龙柱所吸引。事实上，官方的建制中是没有石柱这一项的，它肯定出自民间的捐助。这些石柱吊装的难度可相当于埃及金字塔的巨石块，民间的传说是它们在鲁班化身为一个疯老头指挥下用黄土垫高而竖立的。它们的添加说明当时民间的建造者有意使这座“宫殿”超越任何人间皇帝的殿堂，达到“甲于天下”（见庙内碑文）的效果。总的说来，这个人间帝王们为教诲人民而建造的宫殿式建筑群，在工匠们灵巧的手下，变成了地地道道的民间英雄崇拜的“庙”。每年农历四月和九月，官方在此举行“祭关”仪式，而民间则把它们演变为各四十天的大型庙会，届时市贾云集，各种艺人竞相献艺。官方和民间，各唱各的戏。

图 18-3　关帝庙崇宁楼

最有意思的是“后寝”部分。在人间皇宫，这里是皇帝和后妃们居住的场所，六宫粉黛，争夺宠幸。然而，一到我们的关大帝，这个寝宫的规模和性质就完全变化了，变成了一所“单身宿舍”。皇帝们到这里，会不会有些尴尬的感觉，我们不得而知，但民众一做对比，肯定都会窃窃私笑。不管皇帝们题多少匾额，做多少训诲，一到这个寝宫，就自露马脚，败下阵来。

这个寝宫，在一座精致的木坊后面，以春秋楼为主体，配以两座刀楼形成三角群体。楼名春秋，就含有深义。表面上，它取自关羽生前爱读《春秋》的故事。但谁都知道，孔子修《春秋》而“乱臣贼子惧”，“春秋笔法”，不是单指底层官员的，更多的是指向那些胡作非为的王公国戚（孔子当时，当然还不敢和不想批评皇帝）。当人间皇帝夜间宠幸自己的后妃时，我们的关大帝却在两侧存有大刀的居住环境中，青灯之下，全神贯注地阅读着《春秋》，这里含蓄了多少民间的期望和企求啊。

春秋楼的建筑，倾注了民众对关羽的深厚感情。它的设计很不一般，这是一座面阔 7 间、进深 6 间，高 30 米的两层三檐歇山顶的巍峨大楼。它的二层围廊挑出外墙，由下面的挑梁承重，外面看来好像是个悬空的楼阁，给人以关帝既在人间、又在天上的印象，更突出了他既是人、又是神的身份。

访问了解州关帝庙以后，我对英雄崇拜这一文化现象又加深了一些认识。人们塑造英雄形象，往往寄托了自己的愿望，超出了英雄本人的事迹。帝王和民众，都是如此。

帝王所以竖立关羽形象，是因为他在民间太受爱戴，需要对他进行规范化的加工，以指导民众。光绪的 26 字，正是这种规范化的总结。我们可以从中看到，朝廷所推崇的是：

——忠义仁勇。这四个字本来出自民间，被皇帝“拿来”并赋予官方的含义，重点在于“忠”字。所以本庙的总入口（端门），就挂了“扶汉人物”的匾额，提醒人们这里是一位维护正统的保皇派；

——护国保民。“国”在“民”前，只有“护国”，才能“保民”；

——精诚绥靖。大约是指当年刘、关、张参与讨伐黄巾之举，更进一步阐明了“护国保民”和“忠义仁勇”的含义；

——翊赞宣德。这里的“德”字，一下覆盖了以上所有的品质，

图 18-4　关帝庙春秋楼

成为统治阶级对所有人间英雄人物的政治要求。

然而在百姓心目中，关羽却是完全不同的形象。当然，他不同于大闹天宫的孙悟空，也不同于盘踞梁山的水浒名将。在民众心目中，他的品德主要集中于：

——忠义仁勇。和朝廷的定义不同，在这里，重点在于“义”字。关羽是“义”的化身，从桃园三结义开始，他始终忠于这个“义”字，于是“身在曹营心在汉”，一旦听到刘备的消息，就可以“过五关、斩六将”，千里以赴。这是老百姓对“忠义仁勇”的理解。晋商以诚信为经营原则，与这种“义”有直接联系，他们崇拜关羽，不只是由于同乡关系。

——春秋大义。比桃园结义要更高一个层次，就是捍卫社会正义。关羽生前究竟是否读过《春秋》（或《左氏春秋》），读过多少，有何体会等，现在已难以考证。有人认为，这是儒家为了标榜自己而做的宣传。但是民间却愿意信其有，一些关公显灵的传说也把他刻画成“为民除害”的英雄。一个例子就是“解池斩妖”的传说，根据这个传说，宋代曾发生过解州盐池水少盐减之灾，原来是蚩尤（黄帝时代的人物）霸占了盐池，于是皇帝请来张天师，后者又请关羽显灵斩了蚩尤，这是道家的宣传。佛家也有类似宣传。随着儒、道、佛三家争相把关老爷拉入自己行列而大肆散布各种传说，关公

图 18-5　关公读《春秋》

读《春秋》的形象也频频出现在各种民间雕塑之中，它实际上赋予关公的“义”以新的意义，使他成为嫉恶如仇的代表，能够跨时空地镇压一切邪恶势力而成为民众崇拜的保护神。

体会：

对同一事物（包括建筑、人物）的多种阐释有助于理解事物的实质。

推荐阅读

1. Thomas Carlyle：*On Heroes, and Hero Worship, and the Heroic in History.*（《论英雄、英雄崇拜和历史中的英雄事迹》），London，James Fraser，1841 年，自 Project Gutenberg，1997 年。
2. 侯学金、何秀兰编著，《解州关帝庙》，山西人民出版社，2002 年。
3. 焦楠：《在路上：山西》，中国轻工业出版社，2003 年。

注定要失败

019

——从山西的大院看窑洞里出来的资本主义

从太原南下，到平遥、祁县及灵石，叱咤风云五百年的晋商在这里留下了众多的足印。人们已经从电影《大红灯笼高高挂》中见识了乔家大院，以为这里的几个院落是各位姨太太们住的，大家争着那一盏红色的灯笼。其实乔家的生活并不如此。

对我来说，祁县的乔家大院展示了一个晋商家庭发家的过程，灵石的王家大院启示了一个晋商家族走向衰落的内因，而平遥的票号则告诉我他们为何最终失败。

乔家的历史在晋商中可说是典型的。最早起家的是农民乔贵发，他从做豆腐开始，后来在包头开设了广盛公的字号（后改为复盛公）。他的儿子乔全美，于清乾隆（1736—1795 年在位）年间，

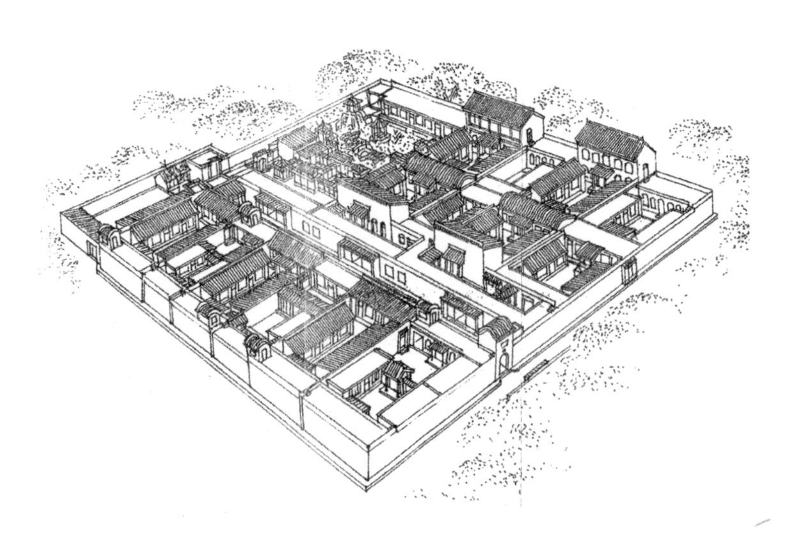

图 19-1 山西乔家大院鸟瞰图

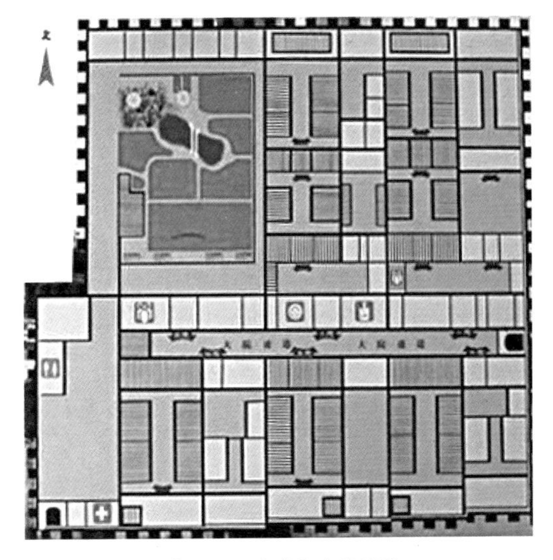

图 19–2　乔家大院平面图
其中包括：乔全美初建的“老院”（“统楼”）；乔致庸加建的“明楼”院和小巷对面的四合院；城堡形成和加建的“新院”

首先在现大院的东北角建造了一个两进、带偏院的院落，人称“统楼”或“老院”。其子，第三代的乔致庸（1818—1907 年），中过秀才，但弃儒（也就是官）经商，以“在中堂”的名义，把票号推到全国而成为巨富，于是在同治初年在“老院”西面增建了紧邻的“明楼”（有阳台走廊故名）院，接着他在门前小巷对面又修造了两个四合院供子孙用。光绪中期，乔家为安全起见，用高墙把这些院落围封起来，在东端设大门，西端建祠堂，各院房顶设通道、眺阁和耿（更）楼，形成了一个城堡式的整体。到民国 10 年（1921 年），又在西南角建造“新院”。这样，大院从清乾隆开始到民国的 200 多年期间，经历了“老院”（“统楼”），加“明楼”院——城堡化，加“新院”的三期建设和扩建，显示了一个富户发展的历史过程。

如果我们对这段历史一无所知，而从东（大门）向西，由北而南地参观这个大院，这些建筑也会坦率地向我们叙说其主人的身份和处世哲学。我也是这样地去“阅读”这些建筑的：从他们的群体布局和内部组成去了解户主的生活方式和家规准则；从建筑的形制和结构去了解其生活意向和追求目标；从内外装饰（特别是砖、木、石雕的运用）去了解户主的生活情趣和文化素质。这样，几乎每栋建筑都给我们传达了各不相同的信息。

“老院”是一座具有祁县特色的三进四合院，在当地被称为“里五外三穿心楼院”。“里五”，指的是内院的正、厢房都是五间；“外三”指的是外院的都是三间；“穿心”则指内外院之间有穿心过厅。

图 19–3 “老院”

图 19-4　明楼

称之为“统楼”，是因为它用了开小窗的石墙，用后代人眼光来看，这是幢“保守”的建筑，显示了其主人从贫穷到发家后衣锦荣归，建房养老，又不忘过去穷苦日子的心态。

“明楼”院显然比前面的要阔气得多。它虽然还是“里五外三穿心”，却多了许多新的特征，显示了这里住着一位掌握着钱权、运筹帷幄的精明财主。整个院落整齐端庄，正房厢房，尊卑有序，干净利落。这里也有砖雕影壁、木雕垂花门和各种装饰，正房因设置阳台廊而得“明楼”之名，但给人总的感觉是适度而止，露富而不全露，锋芒蓄而不发。在这里，我们可以领略到晋商文化的精华。

当人们跨过原来的小巷到达“新院”时，感觉也焕然一变。这里砖雕、木雕、石雕，比比皆是，却布置得杂乱无章，像一家堆垒着商品的古董店。建筑本身布满了各种装饰，像一个暴发户穿着锦绣袍服，肚子里却是杂草一堆。查看资料，原来乔致庸的子孙在光绪年间，巴结过逃难而过的慈禧，得到了朝廷的恩宠，

图 19-5　新院

因而大门口有李鸿章、左宗棠等显贵的题词，炫耀于外；但大门对面的祖宗祠堂，门面上虽有木雕垂花，祠堂本身却又小又窄，与大门相比远为逊色，形成鲜明的对照，说明后来的乔家，想的只是依附皇室和大臣，祖宗的创业家训早已退居次位。

驱车南下，近介休，公路两边是像被很多巨爪划过的黄土地，点缀着大大小小的窑洞，使人意识到我们已到达黄土文化的纵深地段。正是这贫瘠的土地，驱使晋人离乡背井，带着农民的纯朴，到东西南北的城镇去寻找生机，从而形成了富可敌国的晋商阶层。

王家大院正处在这片黄土地上的灵石县（因天上掉下一颗陨石而得名）静升镇。现在开放供人参观的仅是王氏大家族一部分居所，但已经可以让我们看到这些离井背乡然后衣锦荣归的富商们如何在无边无际的黄土地上留下了短暂历史的足迹而回归于沉睡的土地。

现在供人参观的是高家崖和红门堡两个大院，参观的程序是从前者到后者，其实建造的时间却是后者（1739—1793 年）先于前者（1796—1811 年）。但是实际上两者间除了都姓王以外，也没有更紧密的关系。红门堡修建的时候，大约相当于乔全美在祁县建造自己的“统楼院”时期，而高家崖的建造虽略先于乔致庸建造“明楼院”的时间，然而，当乔家尚处于鼎盛时期，王家后裔却在 1891 年把宅院以 964 两白银卖掉，流落街头乞讨。所以，在我看来，王家大院可以算是乔家大院的续篇，我们能否在沉寂的建筑中得到某种信号呢？

步进高家崖，我们从解说中知道这里的核心是王汝聪和王汝成两兄弟分别修造的敦厚宅与凝瑞居两个并列院落。两个院落均由前、后院（中间有一条带小院）及偏院（包括有七个入口的厨院，可供三等人分别用餐、书院、花院等）组成。后院的正房是两层，底层是坚实的窑洞结构，供主人居住；上层设阳台走廊，中间有供奉王氏最早祖宗的房间和牌位；两边的两层厢房由子孙居住，二层是小姐们的绣楼，姑娘从 13 岁起住进去，深闭不出，等于关禁闭。从结构、体形及布置来说，这个院落本来可以给人以浓厚的地域感和稳重感，然而，我却在这里接收到一种不祥的信息，主要来自它们的过度堆砌和炫耀的装饰，其中弟弟的凝瑞居要更

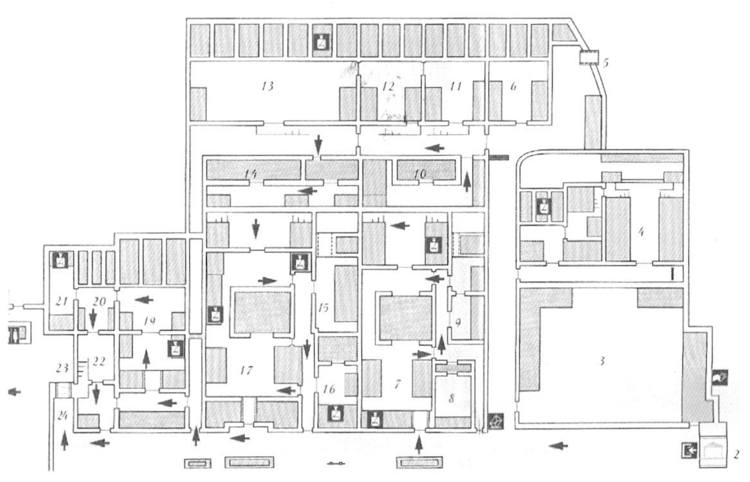

图 19-6　高家崖平面图，中间两院落分别为敦厚宅与凝瑞居

图 19-7　敦厚宅

图 19-8　凝瑞居

甚于哥哥的敦厚宅，比乔家大院的“新院”，过之犹无不及，所以我说它是乔家大院的续篇。

在这里，柱梁门窗、走道墙壁，到处是木雕、砖雕和石雕。过厅走廊上的木雕，由三层组成，相当于一些富户室内的高级摆设。最令人吃惊的是，这里的雕刻，处处都隐伏着房主对吉祥的企求。例如，照壁上砖雕中的公鸡、鸳鸯、鹌鹑、喜鹊代表了“功名富贵、子孙满堂、安居乐业、喜上眉梢”；过厅门槛前的鹭鸶和荷叶，象征着“一路连科”等，步步皆是，不可胜举，没有一本导游手册，难以察觉。在这种依托于迷信的庸俗气氛中，哪里还能体验到晋商当年跋涉全国，与逆运做斗争的拼搏精神呢？事实是，到王汝聪兄弟的四子四孙，就因为抽鸦片而败坏了家业，这些雕砌的吉祥象征却成了行将破落的信号。

在访问两个晋商大院时，我脑中频频现出不久前在平遥古城中见到的票号。它也是规则的院落，如果不是庭院中间一颗大元宝，你还以为这里又是一个富户的住所。这里当年繁忙地经营着遍及全国的钱财汇兑业务。用摩登术语来说，平遥早就有了现在中国几个大城市所垂涎的“总部经济”。这是晋商发展的第二阶段：从小宗贸易发展到经手万千两银子大宗资金的转移。我们在乔家和王家大院所看到的荣华富贵，财源都来自这些视若平凡的票号院落。看来，当年在黄土地上无法立足为生，离乡背井，东西南北闯天下，从事被视为“士农工商”中最低级的商贸活动的晋商，在事业有成之后，即使已经隔了几代，也还要回到这块黄土地，建造自己的家居和票号总部，难道仅仅是一个“衣锦荣归”的思想在驱动吗？我觉得值得进一步的思考。

据文献介绍，晋商与徽商的一个很大的区别在于后者往往是一群同家族的人集体外出经商，而前者却往往是独个开拓，并且在开拓过程中敢于起用非本姓的能人来共同经营。来自黄土地的晋商有着双重性格，一方面他们提倡“诚信”，恪守传统的美德；另一方面他们又富于进取精神，敢于从一般的贸易跃进到汇兑业，从而积聚了巨大的财富，在中国广阔的土地上打破了地域割据的限制，功不可没。

从晋商大院的建筑中，我试图了解中国资本主义势力的兴起和后来的失败。华人学者黄仁宇在《资本主义与二十一世纪》（三联书店， 1997 年）一书中，曾引用了 M · 陶蒲关于资本主义起源的“三种学说”论，即：（一），马克思的唯物史观学说， 认为

图 19-9　平遥票号

资本主义是阶级社会发展的必然结果；（二），M·韦伯的唯心史观学说，认为是16世纪宗教改革时期的“新教伦理”的产物；（三），黄仁宇本人的学说，认为资本主义的兴起应当见之于金融资本的出现，没有它而只有工商资本不能算是资本主义。据我看来，这三种学说是可以兼容的。

韦伯描绘的早期资本家的特点是：那些卡尔文教徒为寻求上帝的恩惠，力争自己事业上有所成就，他们赚了钱绝不浪费于享受，而是投入再生产。韦伯认为这种创业精神正是资本主义的精神特征。我们从早期晋商创业中恪守“诚信”原则等行为准则中也看到了这种精神。

晋商为什么终于失败？文献中有各种说法，较普遍地认为有内因和外因。内因是子孙不肖，上辈发了财后辈来挥霍。我们在乔家大院的“新院”和王家大院的高家崖中繁琐的砖、木、石雕装饰中也看到了其迹象。外因是政府和外资银行的垄断性竞争和日本帝国主义的侵入。这些都是事实，然而在我看来，晋商失败还有更深层次的原因。他们的子孙并不都是不肖的后代，有的也能继承祖业，奋发图强；而且很久以来，晋商就懂得和官府合作，否则他们的票号也无法立足。

有许多文献把晋商的票号说成是中国早期的金融资本，我认为言过其实。晋商的票号至多只是现在我们邮局的汇款业务，他们拥有大量的资金，但是这些资金并没有转变为现代意义上的资本。晋商虽然活跃于各地，仍然没有跳出商业贸易的圈子。他们不懂得，也没有这个胆略，像西方的原始积累者那样地去投资于工业，更不用说金融资本了。这样，他们迟早要失败于真正的金融资本——银行（不论是官方的或外资的）手下。所以，晋商（和徽商）的失败，实际上启示着中国早期商品经济的失败。

晋商的保守，还由于他们始终没有能够跳出家族的圈子。尽管他们在外能启用外族的能人，但是大权仍然要由自己的子孙来继承。这也是晋商为什么功成之后，要回到黄土地上的故乡，建造自己的家族大院。在他们的心目中，黄土地是根据地，家族的凝聚力是力量的源泉。然而，黄土地尽管哺育了中国部分的古代文明，却已经被自然和历史的巨爪划得千疮百孔，不可能承载新时期的历史重担，于是现在它只能保留着晋商留下的足迹，让后世从中取得必要的教训。

体会：

晋商的起落告诉我们中国资本主义的崎岖道路。

推荐阅读

1. 张正明：《晋商兴衰史》，山西古籍出版社，2001 年第二版。
2. Max Weber, *The Protestant Ethic and the Spirit of Capitalism*（M·韦伯：《新教伦理与资本主义精神》），Routledge Classics，第 2 版，2001 年。
3. 王先明、李玉祥：《晋中大院》，生活·读书·新知·三联书店，2002 年。
4. 焦楠：《在路上：山西》，中国轻工业出版社，2003 年。

020 历史的残迹

——从上海觉园*7、9、11 号看一个旧家庭的解体

笔者在《阅读城市》一书中引述了意大利建筑师阿尔多·罗西的观点，把城市建筑分为“标志”与“母体”两大类，并且以巴黎的奥斯曼式公寓、北京的胡同 / 四合院和上海的里弄 / 石库门作为“母体”的典范。

笔者自己是出生和成长于上海（新式）里弄住宅（图 20–1）中的，所以比较熟悉里弄生活。这是从 19 世纪后期开始兴起在上海“租界”的一种城市居民集居方式，它吸取中国传统里坊（图 20–2）和英国伦敦低层联排住宅（图 20–3）模式，既省地，又经济，又是独门独户，十分适应于上海作为东方新兴商埠兴起使人口剧增的需要。和奥斯曼公寓相仿，它的一个突出优点就是可以容纳不同的阶层居民（主要是中产阶层）合住。它们形成了自己的建筑风格，在同一上海，“公共租界”、“法租界”、“华界”区内的里弄各有特色，甚至每条里弄有自己的特色（图 20–4）。就像人们评论巴黎的公寓住宅：“这是法国当时建筑师在共同理念下的集体创作，致使巴黎的建筑在标准化的前提下各有特征。”（见本书第 7 章）。笔者所居住过的觉园（图 20–5）就是这些林林总总的里弄之一。

觉园是上海公共租界内爱文义路（今北京西路）1400 弄的弄堂名（图 20–6）。据表弟朱宗玉查到资料：它筑于 1920 年，占地约 15000 平方米，原系南洋烟草公司老板简玉阶、简照南之私人

* 在 20 世纪 30—40 年代，它是上海文人很喜欢聚会的地方，因为它有一抹“禅”味，在上海是独一无二的。可惜在 20 世纪 50 年代，觉园的湖被填没，园林被毁，本文中的两张照片竟成了唯一的“历史遗迹”。

图 20-1　上海里弄鸟瞰

图 20-2　山西红门堡鸟瞰

图 20-3　法国某区联排住宅

Plan of Huaihai Village

图 20-4　上海淮海路里弄住宅

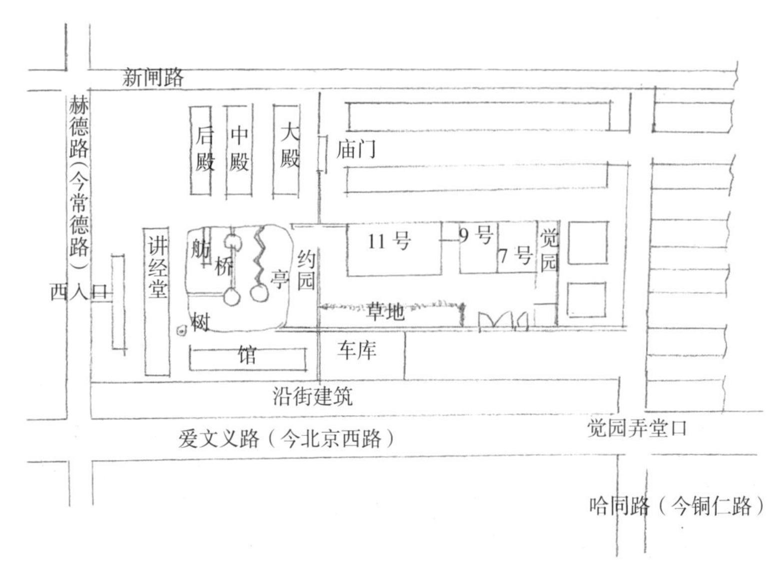

图 20-5　记忆中的觉园平面图

图 20-6　觉园弄堂大门

图 20-7　佛庙三大殿

花园，园内西首（今常德路 18 号）有家庙一座。1926 年由关炯之、施省之、何绍裕等发起，在原简氏家庙的旧址上创立佛教净业社，社内有大殿、中殿、后殿二进，供奉佛像，是座颇具规模之佛寺。寺院内有池亭园林数亩，筑有九曲桥、假山、天桥、湖心亭、石碑等景，植有名贵的菩提树，另有鱼鳖放生池。并设一贫民诊所（今常德路 18 号），施诊给药。后又在该处二层设一佛声电台，传播佛经。在园内南首造一藏经之两层楼房，名为“法宝馆”。1931 年简家将部分园址以优惠价格售与关炯之、施省之、王亭、戴季陶、

图 20-8 佛庙湖心亭

张咏霓（即笔者祖父）、何绍裕、笠泉涌等人，各自造成花园住宅或新式弄房……也有记载称“该地产属于佛教界的佛教净业社。该社当时靠赫德路（今常德路），一侧建有一寺庙，内有供奉镏金三宝佛的大殿，还有给常住的居士们的宽敞楼舍，也有少数和尚在那里虔修或挂单。里面还有假山、荷花池，环境清幽，允许外边的人入内游览”，与上述记载大致相同。

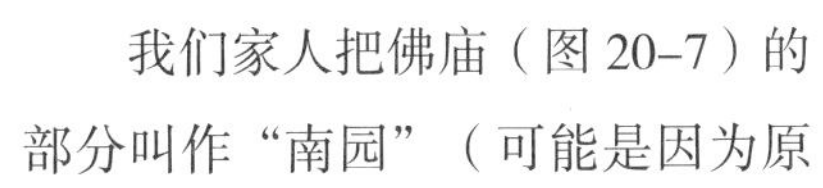

我们家人把佛庙（图 20–7）的部分叫作“南园”（可能是因为原来的物主叫简照南，因为从方向来说，它位于西而不在南），从赫德路（今常德路）进出，而其东的里弄建筑部分（1400 弄）则称为“觉园”，从爱文义路（今北京西路）进出。

我们家（祖父建造的觉园 7、9、11 号）紧靠养生池（我们幼时视它为“湖”）的东岸，在觉园中占最佳位置。“湖”中央有湖心亭（图 20–8），以九曲桥与湖岸相通，内有龟鳖鱼。祖母笃信佛教，也常放鱼龟池中。每见这些鱼把嘴伸出水面，生趣盎然。湖亭以西，在两座假山之间，有一高桥相连。高桥以西，有一石舫，记忆中荷花池就是石舫周边的小块水面。再过去就是西岸，有讲经堂，每次讲经，听者上百人，祖母也常去。讲经堂有多种用途，母亲说她结婚时就在这讲经堂上花轿。

这些湖亭，虽属佛寺所有，但由于我们能自由出入，也等于我们的私家花园了。这样的环境，在当时上海的闹市中，等于是一块“世外桃源”。对祖父治学写书、祖母修佛念经都极为有利，对我们孙辈来说，不知不觉地受这样环境的陶冶，也受益不浅。

在20世纪50年代，南园的养生池被填没，以后佛寺改为无线电工厂。到90年代，又归回佛教会，现为上海居士林。大殿与讲经堂还在，菩提树和湖亭山树均不复存在。

笔者祖父张寿镛（1876—1945年）*字咏霓，号伯颂，其藏书楼取名约园，亦以此为其笔名。生于浙江鄞县。其父张嘉禄，为前清进士，曾任翰林院编修、山东、云南等道检察御史。约园在父亲严教下从小好学，在前清曾考中举人，后科举取消；父亲病逝后，乃从基层就业，先后在采办、仕学、海运、警察、捐嫠、藩司、莞榷等部门历任文案、提调、会办、稽查、科长等职。辛亥革命后，前后任上海货物税务公所所长、浙江、湖北等省财政厅长，在理财方面颇有成效；1925年被任江苏沪海道尹，恰逢五卅运动，为同情上海圣约翰大学师生为抗议校长干涉学生抗议活动，侵犯国旗而离校，与离校师生同办上海私立光华大学，并出任校长（其间曾短期在南京国民政府就任财政次长）。除主持校务外，还亲自去学校讲授国学（印有《约园演讲集》）。

抗战期间，光华大学校舍被日军炸毁，他委托专人去成都创办成都光华大学，并在上海坚持办校。珍珠港事件后，上海光华大学被迫停办，他在自宅创办养正学社，编有《经学大纲》（讲稿失落）、《史学大纲》、《诸子大纲》、《文学大纲》（因病中断）等讲稿，向部分光华学子讲课。他同时编撰和自费印刻宁波历代文人著作《四明丛书》八集（187种），乃迄今中国地方学术文集中最巨大者。他还与郑振铎、张元济等学者在上海及江南各地广泛抢救收集失散的中国珍贵古籍图书，秘密运往香港和内地，抵御日本及外国文化势力的收购，保护了祖国的宝贵遗产。他又是一位藏书家，家里藏书几万卷，楼上楼下都是线装书。我年轻时看马克思主义的禁书，为了隐蔽，书看后就塞在祖父的线装书中间，结果后来连自己也找不到了。

---

*他的生平可见张钦楠、朱宗正编著《张寿镛与光华大学》（上海华东师范大学出版社，2010年）。

祖父1945年7月因积劳成疾去世。

曾祖父去世时，“无一椽之屋，无一亩之地”，全靠祖父和他二弟自谋生路，抚养家庭，他们先后在上海华界的申衙前、西美巷、淘沙场等地租赁居所，到辛亥革命后始迁居租界，仍是租房居住。到20世纪20年代末，由于祖母已是上海较知名的佛教居士，得以较便宜的价格购置觉园的地产，乃可自建居屋。居屋于1931年落成，8月份迁入，那时笔者恰好满月。

觉园的7、9、11号（图20-9至图20-11）用一垛红砖围墙包围，里面有三个小花园。沿纵向围墙的是用冬青树隔开的主园，内铺草皮。

图20-9　觉园7—9号（联体）

图20-10　觉园11号

图20-11　觉园11号内景

东西两侧是两个小花园。东侧种了一株夹竹桃，边上有口井，夏天把西瓜放在井水中冷却。西侧靠湖面，以一条白色的木格篱笆为界，园中放石桌石凳，还有一块石碑，上书“约园”（是祖父的别号或笔名）二字。这是告诫他自己治学要专，“由博返约”之意。笔者幼年时总爱到此听取时时传来佛寺钟声，与宅内鸡犬之声相闻，看水面跳跃的活鱼及龟鳖。每当傍晚，寺内菩提树上的乌鸦成群飞出，绕屋多圈，呱呱作声，恐以都市之内，有此乐土为奇。

到元旦及祖父母生日时，在上海的已出嫁的姑母们都带了表兄弟姐妹来到觉园，人数与年俱增，最多时达到 40 人左右。我们年幼时就在大房子的底层玩捉迷藏，从不厌倦。当时虽值日寇占领时期，我们仍然得以在险恶的环境中找到愉悦。

觉园的房子用红砖红瓦，中间底层设有踏步的平台，楼上设石柱栏杆的阳台。这是当时流行于上海的一种建筑风格。但是，从房屋的组成来看，则自有特色，因为它体现了祖父对自宅的理想：一是要适合于一个三世同堂的和睦大家庭；二是要能从容地放置他 16 万卷藏书，便于他的查阅和写作。

我们是个大家庭。祖父有六子十女，按照传统，女儿出嫁后都住到夫家，但儿子结婚后却仍住在父家。我们家的牌号是觉园的 7、9、11 号，我们通常称 11 号是“大房子”，三层三大间，这里住了祖父母和除父亲和二叔两家以外的儿子及未出嫁的女儿。9、7 号则是两个对称的、用平台与阳台合二为一的联合房屋，住了父亲（长子）和二叔两个小家庭。这样，父子、兄弟间都有分有合。父亲和二叔两家当时还合用一个厨房；夏日晚上，在一个阳台上纳凉谈天。我们五个孩子从小像亲兄弟姐妹一样地成长。白天放学总要到祖父母那里去请安；晚上，则经常与父母亲去大房子听叔婶们讲笑话。

在祖父的书房里挂了一副对联：

唯孝友乃克治家，兄弟血脉相关，则外侮何由而入

舍诗书无以启后，子孙闻见止此，虽中才不至为非

这副对联的作者是山西学人祁寯藻，曾祖父当年赴京上任前，嘱祖父抄写后悬之于堂，作为家训。以后不管居住何地，这副对联都跟了走。祖父也以此为生活准则，我们三兄弟在初中时，祖父就按对联所嘱在我们课余教授读《四书》、《五经》，历时一年多，到他病倒为止。

祖父三世同堂的理想被战争打破了。在珍珠港事件发生之前，他的六个儿子都纷纷离开上海，去内地从事各项工作。他和祖母身边就只有一个管家的媳妇、两个未嫁的女儿和五个孙辈孩子。但是，"兄弟血脉相关"的教导却深入在他的儿辈心里。即使分散在世界各地，他们仍然每隔几年要聚合一次。父亲 1986 年因癌症住院，二叔专程从美国回来，五兄弟相聚在医院，留下了最后一张合影。六叔青年时代只身去内地从军，在战场上受伤后去印尼办报，也在老年寻到北京，与几个哥哥相聚。

就像荣格把自己与家宅融化为一体，祖父也把 11 号视作自己肢体的延伸。他把 11 间居室作为藏书处，各自给取上名称。他自己就像一个图书馆长，对藏书所在心中了然，瞬时可以找到。

11 号的三层分工明确。顶层除子女居室和一间藏书阁之外，有祖母的经堂（取名"双修庵"，表示祖父也对佛教尊重）。祖母每天上、下午在此念《金刚经》。

二层中间和东侧是餐室和祖父母卧室，西侧是他的书房，取名为"独步斋"。在珍珠港事件后，他的 6 个儿子都分赴内地，每天女儿上班、孙辈上学后，他就独自伏案写作。疲劳时，起身在室内踱步，看窗外湖景。

底层供祖父对外活动用（图 20–12 至图 20–14）。中堂用于各种仪式，其中包括祖父每年接见光华大学作文竞赛的优胜学生。东侧供会见贵宾用。西侧有一较大的空间，取名为"带草堂"（纪念曾祖父的自宅"寸草庐"）。祖父在这里主持过上海大学校长联合会的会议。在珍珠港事件后，祖父就在这里为养正学社讲授

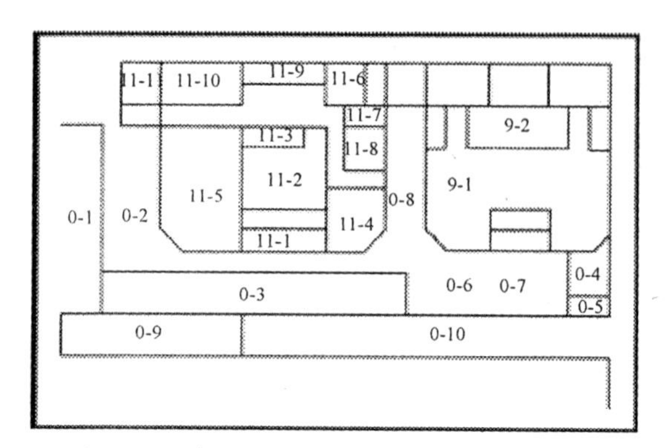

图 20-12　觉园 7、9、11 号底层及室外花园平面图

0-1 为湖边花园；0-4 为小花园；0-5 为传达室；0-2，0-3，0-6，0-7，0-8 为室外水泥地；0-9 及 0-10 为屋前花园

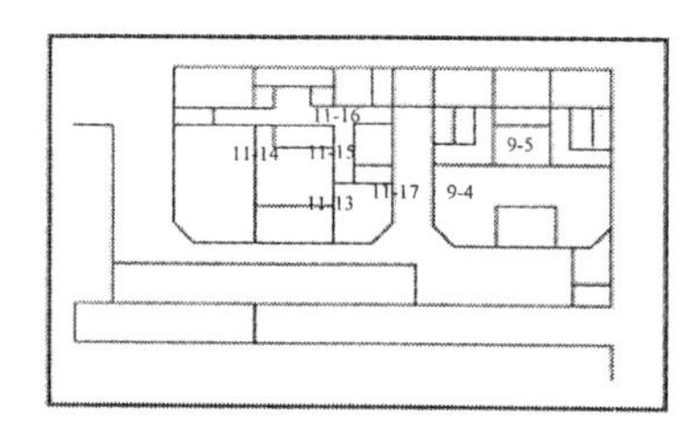

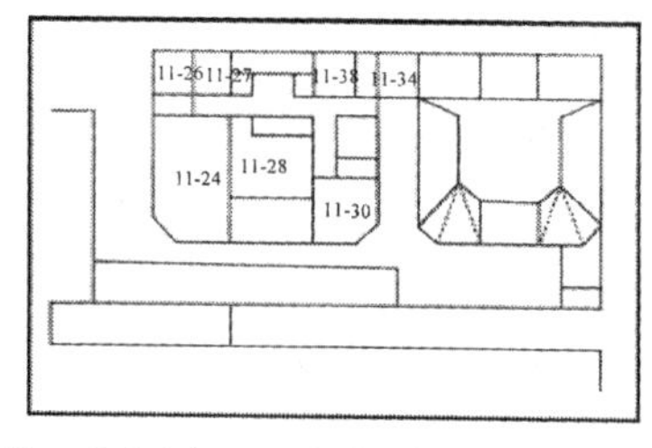

图 20-13、图 20-14　觉园 7、9、11 号二层（左）、三层（右）平面图

祖父生前，曾为藏书十一处取名：

1. 独步斋：11-14。祖父书房，因整日伏案书写，时而喜起身踱步于书斋之中，故名。

2. 双修庵：11-26 。祖母每天去经堂（名为“双修庵”）两次，念金刚经。堂内有佛像与经书，可能是祖父对佛学的尊重。

3. 临流轩：11-11 。秘书王伯龄先生工作室，因其临湖而称之。

4. 带草堂 :11-5。祖父在此不仅藏书，且为养正学社讲过经、诗、史学及诸子大纲。“带草”二字，可能与曾祖父的“寸草庐”对应。

5. 听雨楼 :11-27 。以其在三层高处，平屋顶，雨中滴答有声。

6. 葆光簃：11-10 。与临流轩相连通，藏书用。

7. 尚䌹室：11-9 。专为藏书用。《四明丛书》出版后存此。抗战时期，粮食有时难买，此处又存米袋。吾幼时最爱来此处做白日梦，爱称为“暗室”。

8. 鸡鸣馆 :11-8。原为家中主餐室，后餐室移二层，此处亦作藏书、物之用，以其位处东端，公鸡晨啼首闻之处。

9. 燕贻榻：11-17。祖父母寝室。

10. 咫进阁：11-33。在登晒台的铁梯边上，亦作藏书、物之用。因在高处，以阁称之。

11. 三益庐：11-4。底层东侧的会客室。四叔、五叔的英文书存沙发背后。

中国的经、史、子学，每周一次，作为与日本侵略者进行“学战”的一个活动。后来我参加了地下党，这里也是我们党小组开会之处。

在十里洋场的上海租界的中心，竟有这样一片“乐土”：西式的洋房包容了中式的传统家庭伦理，城市的喧哗包围了变形的江南园林。弄堂沿街的建筑阻挡了马路上叮当而过的电车声、偶尔响起的汽车喇叭声以及黄包车夫的吆喝声。弄堂里面的清静中时而传来佛寺清脆的钟声、和尚抑扬顿挫的念经声，以及馄饨摊子的叫卖声。到了傍晚，大树上飞出了成百只乌鸦，绕着我们的屋顶盘旋嘶叫。在室内，到处飘散着一股轻微发霉的“书香”味。笔者就在这样一个环境中度过了 16 个童年和青年的青春。

祖父把自己在家编书、写稿、讲学等视为与日寇进行“学战”的一部分，于是“在枪林弹雨之中（上海光华大学校舍 1937 年被日军炸毁），汗竹秋灯之下”，每天挥笔不已，直至病倒为止。我总感到觉园的祖父宅第像一座堡垒，在日本占领整个上海后，它是一个抗战基地，决不投降。事实上在那个时候，上海有千千万万家这样的堡垒。日本人可以占领上海，但征服不了人民的心。

祖父在 1945 年 8 月（日本投降前两周）因病去世。随后，父亲与二叔相继离开上海。觉园的大房子就剩下祖母和三叔一家。不久三叔也要赴京就任。祖母就决定把觉园房子出售给某国家机关，祖父藏书全部捐献国家（文化部为此发给奖状），然后与三叔等搬迁北京。这个为三世同堂而建的居住 / 藏书楼，也就进入历史。

“文革”以后，笔者和国外回来的堂妹同去觉园回访。红砖红瓦依旧，湖亭早已不在，乌鸦也飞走了。这里几乎一室一户，每家门口放个煤饼炉。居户知道我们来历后，都开门热情接待。我们以怀旧心情上下观看，好像又看到祖父伏案写作和我们儿时嬉笑玩耍的情景。然后，我们向这童年和青年时的家园留恋地告别，知道往日的大家庭生活已成为永久的历史。

在笔者心目中，觉园的房子代表了 1930—1950 年这段大动荡的日子中一个上中层退休官员、文人的家宅暨藏书楼。当今介绍上海旧居的著作中总热衷于宋公馆、白公馆、郭公馆、马勒公寓等豪宅，没有人会对觉园这样的房子感兴趣。上海的里弄房屋或许还会存在一个时期，但是像这样的家宅，则必将一去不返，连作为中国近代建筑史的一页也轮不上。

体会：

民国建筑史值得深入研究，这是中国现代建筑的开始，有很多好的经验。

推荐阅读

张寿镛著，张芝联编：《约园著作选辑》，北京：中华书局，1995 年。

021 赤子的心意

——从镇海一对亭子看宁波“小港李家”的新生代*

在宁波小港的经济开发区中心，有一条小河蜿蜒而过。河边修了一个幽雅的公园，三三两两的游人漫步其中，就会被河边的两座交叉紧贴的、带有金字塔顶的小亭所吸引。特别是在夏日炎炎之际，临河坐在亭子边沿的长凳上时，阳光透过金字塔顶的檩条洒下方格形的影子，轻风习习掠过，给人带来了美的意境和舒适的感受。如果你有某种哲学或美学的情趣，还可以从这个小块的天地中，体念到天、地、人的交融，光与影的共生，静与动的相补等等。如果你愿意再进一步地思索，就不难领会到建筑的升华神力，它是一种过滤器，能使自然更为美好、友善，能使生活

图 21-1　一对亭子

* 本文曾发表于《新建筑》，2004 年，这里有所增减。

增添更多的乐趣。

如果你对这座双亭发生了兴趣，就可以在额阑上看到书法家张爱萍将军的题词，知道亭子的名字叫作“乾坤亭”，在亭子边上还有一块方石，上面书写了亭子的来源。它是小港李氏家族对家乡的一份心意。李氏是浙江镇海的一个大家族，分乾、坤二房，其后裔遍布海内外。当他们知道故乡的巨变后，就集资修造了这所亭子。

发起人之一，是居住在美国的建筑师李名信。他曾经应宁波大学的聘请，到该校做短期的讲学。在此期间，他参观了宁波和小港的建设，会晤了经济开发区的负责人，萌生了建亭的设想。他多次勘察现场，选择亭址，并且向海内外家人提出了倡议。在一些亲友的支持下，经过几年的努力，终于付之实现。

设计师有三人，都是居住在美国的李氏后人，在美国都有相当的知名度。一位是驰名纽约百老汇的舞台设计师李名觉，在美国戏剧界是个赫赫有名的艺术家，耶鲁大学戏剧美术系的教授和代主任，曾荣获美国总统亲自颁发的“青云奖”。他在这对亭子的设计构思方面起了重要作用。

第二位是纽约的建筑师李名仪，也是李名信的弟弟。他从耶鲁大学取得建筑学硕士学位后，长期从事建筑设计，在美国第二代现代派名师巴恩斯的事务所中，从一名普通设计师到成为事务所的第一合伙人。他直接负责的作品有曼哈顿的IBM大厦、亚洲学会以及华盛顿联合车站边上的司法大楼等，都成为巴恩斯事务所的杰作。其中IBM大厦首次在底层设置了植有翠竹的向公众开放的大厅，备受欢迎，与隔路相对的由约翰逊设计的电报电话大楼的封闭性形成鲜明对照（该楼近年也添置了向公众开放的大厅）。有人说，在美国的华裔建筑师中，除贝聿铭之外，要推李名仪最有建树，是有其根据的。国人对他和他的作品知道得还不多，因为他的许多作品都算在巴恩斯名下。前年巴氏退休，李名仪与合伙人丁屈拉合办了自己的事务所，最近在我国深圳新市中心区规划竞赛中赢得第一名，其中市民中心大厦已经落成，国人由此可对他有更多了解。

第三位设计师是美国西海岸的建筑师、室内设计师李维雄（“维”字辈比“名”字辈要低一辈），年纪虽轻，却颇有建树。他的设计中重视地方特色，很有些风味。亭子的施工图及细部设计基本上是他负责的。

这三位设计师，在百忙之中，无偿地合作于这一对亭子的设计，倾注了对故乡的亲情。与他们平时承揽的任务相比，这座亭子的规模可谓微不足道，但他们在其上付出的精力，却远远超过一般，可谓“小题大做”。

楼台亭阁，是中国园林建筑的精华，其中应以“亭”最具有亲切性，也最有艺术吸引力。它和宝塔一样，长期来是诗人咏诵的对象。香港钟华楠建筑师对中国“亭”的渊源和演变，有过非常精辟的论述。他说：

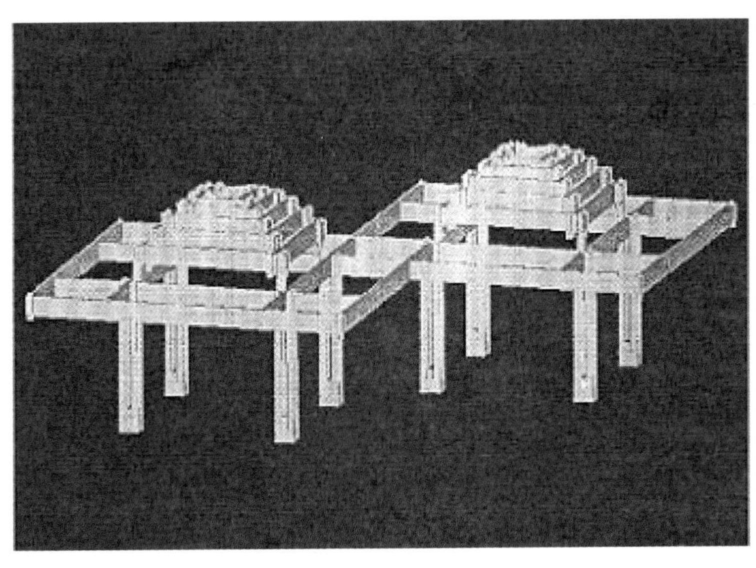

图 21-2　乾坤亭构思图

中国的古典园林之亭子可谓在天然世界中，能以人工建筑而能不破坏大自然之妙晶。更能助于表达和反映天然之美。

这段话，集中表达了中国的“亭”的功用及其设计原理。钟先生自己就在香港的居住区内设计了多座亭子，并总结在他的《亭的继承——建筑文化》一书中。亭虽然小，但可以为整座花园（公园）增色，甚至可以为一座城市增色。试想，北京的景山顶上如果没有这几座亭子，北京的城市景观就会大有所失。然而，亭子的最大功能，还是为人民服务的，向普通的群众提供休闲和欣赏自然的人工场所。

外国也有亭。笔者在墨西哥的瓦哈卡城镇的中心广场上就见到一座高出广场地面的凉亭，其体量要比中国一般的亭子要大得多。到了夏日夜晚，就有乐队在演奏音乐，周围摆满桌子，供应饮料和小吃，很有人民性。

三“李”设计的乾坤亭，大小不到一百平方米，却深具匠心。它的位置在河边，部分伸入水面之上，既可收纳凉风、观赏河景，而且象征了海内外李氏家族的手足之情。两个方亭，在平面上交

图 21-3 亭中阴影的“格栅效应”

图 21-4　亭子伸入水面

叉设置，坐在亭内，眼前的柱子既像有序，又像无序，丰富了内部观感，又象征了李氏乾坤二房的亲族关系。金字塔形的亭顶，既提示了中国传统的攒尖顶，又有一些“洋”味，耐人寻味。特别值得赞赏的是亭顶的细部设计，它巧妙地发挥了预制混凝土梁的构造特征，对阳光起了过滤和切割的作用，产生了本文开始时所描绘的光影交错的格栅效应，是本设计的一大成功，也是对传统亭子的一个突破。至于亭子的材料和色彩选择，也都既考虑了财力物力的可能性，又恰如其分地显示其个性，都收到了“超值”的效果。

我在这对亭子中的一个突出感受就是它们的“负空间”或“虚空间”效应。在许多一般的亭子里，你可以休息、乘凉、观景、与友人谈心等等，但是亭子本身则是被动的和外向的，要欣赏亭子，就得到它的外面去看它和它周围的景色。但是在这里，你却能从多个感觉器官得到一种内在的享受，这时，亭子已不再是被动的了，它向你主动地提供美的信息，这是一种罕有的意境。

目前，我国许多城市都修建了许多公园，每个公园都修造了好多亭子，随着对室外环境的强调，许多住宅区在中心绿化区内，也垒起小山，修起亭子。这种做法，当然是造福于居民的。但美中不足的是：有些亭子，往往只是把传统的标准型搬来就用，虽然起一些作用，但毕竟有限，弄得不好，又成为一种陈辞旧调。像钟华楠先生和三“李”的这种“小题大做”的设计如果能多一些，一定会受到欢迎。笔者也是本着这种“小题大做”的精神，向同仁做一介绍，希望能更多地看到此类作品，是所至愿。

在这里，要稍许讲一下小港李家的历史。它是宁波一个望族，最早从陇西辗转迁来，逐渐发展为乾坤二房（笔者母亲属于坤房30世）。特别是在清道光年间，27世的李也亭去上海以沙船业起家，又转向金融、地产，建立了家业。在辛亥革命和抗日救国两次民族危亡中，李氏家族子弟捐献百万家财、作了突出贡献。到第30世“祖”字辈，很多留学海外，回国后开拓各种实业（包括银行、保险、运输、化工、食品、印刷、电影等），在发展我国民族工商业中成绩显赫。但是他们的一些事业后来没有继续发展，其中有些个人还受到无端政治迫害，以致到了第31世的“名”字辈，很多定居海外，他们主攻科学技术和文化艺术，在这些方面取得了卓越的成就，成为新生的“软实力”派的佼佼者。

改革开放以来，李家子弟重新用各种方式支援国家建设，特别是在显示“软实力”方面发挥了重要的作用。本文中的两个亭子，就是他们拳拳赤子心意的表露。

体会：

城市（包括园林）中的建筑小品显示了当地的文化素质，在我见到的城市小品中，以西班牙巴塞罗那的最为出色。

推荐阅读

宁波市政协文史和学习委、政协北仑区委员会编：《宁波小港李氏家族》，中国文史出版社，2007年。

第三部分　用现象学阅读建筑

建筑、城市、文化

笔者此生大约去访过近200座城镇（以逗留一天以上为准），国内外各居半，体会到城市（包括城镇）确实是人类所集体创造（有意识和无意识地）的最奇妙、最精彩的“人造品”。阅读城市和建筑，试图理解它们，是一件毕生最有收获的生活乐趣。

通过零散的阅读，我逐渐醒悟到：建筑理论可以区分为两大类。一类是创作理论，它是面向建筑师的；另一类是阅读理论，它面向公众（包括用户）。这两种理论实质上是一体的，但由于视点的不同，其内容和方法也各不相同。然而，创作者和使用者也不能决然划分，因为大量的普通建筑（我称之为“母体”的），往往是公众“集体无意识”的创造（特别是在乡村）。

笔者在拙作《阅读城市》中写过：

> 城市也确实像一本书。一栋栋建筑是“字”，一条条街道是“句”，街坊是“章节”，公园是“插画”……。

当你阅读整个城市的时候，一栋栋建筑确实像是组成它的“字”，然而当你把视线“有目的”地转向建筑时，它们又变成一本本独立的书，有自己的章节、文字和插画。但是，“城市”和“建筑”毕竟是两个不同的范畴，对它们的阅读也必然有所不同。

在《阅读城市》中，笔者列举了自己取自国外名家提倡的三种阅读方法：凯文·林奇（Kevin Lynch）的“认知图”、科林·罗（Colin Rowe）的“图－底法”以及阿尔多·罗西（Aldo Rossi）的“标记－母体”，作为认识一个城市的三把钥匙。对笔者来说，它们构成阅读城市的理论。

因为“城市”是一个十分复杂的“产品”，所以人们在阅读中应当尽可能地抱客观态度，试图理性地认识“城市”，当然也不排斥主观感受，但仅居其次。

与阅读城市的同时，当然离不开阅读城市的“细胞”——建筑。然而，当阅读对象从“宏观”的“城市”转向“微观”的“建筑”时，阅读方法也随之变化，主要是：主观因素（主体作用）越来越占重要（甚至主要）地位，在这个过程中，现象学成为阅读方法的主要钥匙。本书全部和本部分都是探讨如何用现象学来阅读建筑。

然而，不论是阅读城市或阅读建筑，其最终的目的和成果都是了解当时当地的文化，了解所阅读城市和建筑的文化背景和含义。只有达到这个深度，阅读才给读者带来浓厚的愉悦感。

在阅读城市和建筑时，我们都谈到“标志”和“母体”两大类建筑。例如，在前面的各章中：金字塔、窣堵坡、神庙、大教堂、城堡与皇宫、大剧院、博物馆、大百货公司等都属于前者；而公寓、中小学校、小商店和小饭馆等则属于后者。当然，这种区分也不是绝对的，它们不完全按规模来划分，小建筑（如奥地利的分离派建筑、密斯的德国馆）也可以属于“标志”；而量大面广的普通建筑，也可以具有浓厚的历史与文化意义。每当我观看维也纳的卡尔·马克思公寓的照片时，我总要向当时在保守势力包围下坚持为低收入户建造住宅达 16 年之久的“赤色维也纳”政府（被美国记者根塞称为“世界上组织最成功的市政府”）肃然起敬。广而言之，20 世纪初奥地利所以能在哲学、心理学、文学艺术方面作出卓越的贡献，与它们开拓的学术自由的风气没有关系吗？同样，每当我回访童年时居住过的上海里弄建筑，又联系到今天大量存在的空旷的、无生气的“高档”居住区时，我不禁要惊奇，同样是房地产商，何以前者可以自觉地为当时的中低阶层做出适用的居住建筑，而现在的却会变得如此贪婪呢？

023 对现象学的粗浅理解

笔者首次接触现象学是在 20 世纪 80 年代，当时应陕西科技出版社之邀，撰写了《建筑设计方法学》（1995 年第一版；2007 年清华大学出版社第二版）一书，这也是自己学习建筑理论的开端。现在摘录其中一段：

> 20 世纪以来，西方哲学家中出现了两个学派，其学说对方法学的发展有较重要的影响。这就是以胡塞尔（E. Husserl）为代表的现象学（phenomenology）派和以波普尔（K. Popper）为代表的实证（positivism）派。……
>
> 实证派主张对客观事物从实际的经验感觉及预定的理论原则进行定性及定量的分析解剖，以便能科学地解释事物，找出其因果关系，并做出必要的预测。
>
> 现象学派主张对现象作总体的、非定量的阐释，撇开各种预定原则及常规观念，承认世界的模糊性及非确定性，以便能够理解事物，找出其意义（meaning），并对预测的可能性持怀疑态度。
>
> 在建筑学中，实证派的代表是功能－结构主义者（functionalist-structuralist）；而现象学派的代表则是一些环境心理学家，著名的有挪威的诺伯格－舒尔茨（C. Norberg-Schulz），他有众多的著作，阐释西方历代建筑的“意义”，并提出体现“地方精神”（genius-loci）等主张，在当代建筑界甚有影响，对建筑教学方法也起了深刻的作用。

（见张钦楠《建筑设计方法学》（第二版），清华大学出版社，2007 年）

此后，笔者陆陆续续地看了些阐释现象学的著作，并曾经试图与中国佛教禅学的“顿悟”论及与中国美学传统中的“意境”说联系起来，但并不成功。然而，笔者毕竟试图过用现象学的方法来阅读建筑，有一些十分浅薄的体会，可归纳为三点：

——以我（第一人称）为中心：强调主体作用，强调“目的性”；

——用多种方式去认知对象：包括感觉（用五官去直接体验事物）、知觉（从感觉提升到知觉）、思想、记忆、幻想、情感、期望、社会活动（包括语言活动）等；

——不仅观察建筑实物，还力图捕捉其意义（历史的、文化的）。例如，海德格尔就认为：“从广泛和基本的意义上看，‘居住’这词就是人们在天地之间从生到死的旅行方式。”

用现象学去阅读建筑，并不一定意味否定和排斥实证论，相反，二者可以相辅相成。举例说，对居室的舒适度（comfort），实证派可以通过对室内物理参数（温度、湿度、空气洁净度、天然照度、人工照度等）的种种测定，建立各种计算方法及指标体系，来予以保证；但是现象学派则认为，真正的舒适度要在特定条件的特定环境下，由特定的人在特定的心理状态下，整体地做出判断。这两种观点看来似乎是对立的，互相排斥的，但对建筑设计师而言，他可以一方面按照实证法的研究成果，掌握平均的、一般的舒适度指标，同时，又结合具体设计项目所处的环境以及所服务的对象，做出必要的调整，并在设计中充分考虑用户可以根据自己需要进行调节的可能。简单地否定任何一种方法，都只能给设计带来损害。

（自《建筑设计方法学》）

现象学的方法，由于强调主体作用，是否非科学或反科学的呢？笔者认为值得研究。近年来，人们对大脑的研究有了巨大的进展。过去把康德的先验论说成为“二元论”的观点遭到质疑。科学家发现人的大脑先天具有某些遗传的功能和素质。例如，中国古代孟子提出的“性善论”也不是没有根据的。人（以及某些动物）确实先天就具有亲近同类的品质。近期出现的“神经现象学”（neurophenomenology）对大脑功能及机制进行了新的阐释（关于大脑机制的研究，可参阅美国 D. Pulves: *Brain: How They Seem to Work*，FT Press Science，2010）。现在许多国家（包括美国总统还拨巨款要求进行大脑研究）都大力从事大脑功能机理的研究，他们发现：人脑具有与生俱来的目前再先进的电脑也无法胜任的功能。过去我们曾简单地否定为“唯心论”的先天（先验）功能，实际上是客观存在的。这也给现象学带来科学的根据。

024 捕捉第一印象

——阅读建筑的方法之一

在上一章所述的阅读建筑的三项原则之外，我们还需要有一些具体的阅读建筑的方法，据笔者的肤浅体会，可以有以下一些方法。

一是注意捕捉第一印象，最好是有摄影的辅助。

当你阅读一本书时，你对它的印象只能产生于阅读的终了，然而，阅读建筑，和阅读一幅画一样，却在第一瞬间就产生了对它的总体印象。就笔者而言，这第一印象最为重要，它往往向你传递了建筑的灵魂——建筑的“意义”，以致你必须牢牢地捕捉住它，不要被随后的印象所模糊。而最佳的捕捉方法，莫过于摄影。

你越是要捕捉它的“意义”，你就越需要静观它的整体，然后才是其细部。

一、静观

静观是阅读建筑的开始，而摄影则是最佳的辅助手段。摄影把你对建筑的印象固定化、永恒化了。在很大程度上，它取决于你的摄影水平，我就往往发现自己的摄影失去了当时的一些感受。而一个高超的摄影师，却能记录下一般人在直观时所没有充分注意的形象。

我特别赞赏友人马国馨院士的建筑摄影。下面从他的《礼士路札记》（天津大学出版社，2012 年）中札录两例。

例 1. 美国纽约世界贸易中心的双塔（自马国馨“建筑摄影的绝唱”一文）

2002 年 9 月初，即“9·11”一周年前一周多的时间，我访问了纽约曼哈顿下城的世贸中心原址——零点地带。远望几近清理一空的现场，想起八年前第一次造访这儿

图 24-1　纽约双塔

并还在顶层餐厅用餐的情景，真是感慨万分。这次纽约书店里有大量关于“9・11”和世贸中心的书籍和图册，我最后挑选了一本画册《世界贸易中心——挑战天空的巨人》作为纪念。这是一本用简要的文字和大量摄影图片来描述世贸中心从建设到灰飞烟灭的全过程的画册。一个还不到而立之年的巨无霸式的建筑物，现在就只能从照片上去重现它往日的雄姿和繁华，唏嘘之余也使人更体会到建筑摄影对于历史记录和文化传承的重要。

“世贸中心的设计和建造是一个梦，是一个风险工程，但它很快就变成了无与伦比的商务、商业和金融中心的心脏”，画册的作者彼得・斯金纳（Peter Skinner）这样写道。他是长年住在纽约格林威治村的一位十分活跃的编辑和自由撰稿人，此前曾在英国牛津大学研究现代史。……除文字史料外，在这本近 170 页的画册中不乏精心挑选的图片，更增加了本书在视觉上的冲击力。……

人们常说：“曼哈顿的天际线是整个美国的象征。”所以世贸中心群体和轮廓线的远景表现是经典手法之一。无论是从西侧哈德孙河上或对岸的新泽西，还是从西南方的爱丽斯岛或自由岛，都是比较理想的（摄影）位置，这类建筑全景式的表现很有气魄。……附图是笔者于 1984 年年初访纽约环曼哈顿（一周游）时拍摄的一张，映照在双塔上的天光云影也还有点趣味……。

马总是谦虚了。他拍摄的双塔，我认为是自己看到过的众多照片（包括我自己拍的）中最杰出的一幅。他选择的时刻正好在天空散布着朵朵浮云之际。在这里，海德格尔的“天、地、人、神”融合在一起的景象浓缩在一张照片中。在这里，双塔作为景色的主角，象征着美国人的进取精神（“神”），同时又体现出一种在“乱云飞渡”下从容、安详、自信的姿态。谁能想到，在新世纪来临之刻，它们却在瞬息之间化为灰烬。它告诉人们，恐怖主义的毒瘤正伸向世界各个角落，人们还远没有到达安宁的时代（当然，从另一个角度说，它也对那种“追高热”提出了警告：“住得越高，死得越早”）。即使如此，双塔当时给我的第一印象，就是它的“神”，它体现在马总的照片中，也保留在千千万万访问过它的人们的心中。

例 2. 陕西黄帝陵轩辕殿（自马国馨“天工人巧日争新”一文）

> 20 世纪 90 年代开始，在陕西黄陵桥山的黄帝陵整修，直到其核心建筑祭祖大殿的落成，是建筑学、文化人类学科建设中的一件大事。民族的振兴，始于文化的复兴，文化是综合国力的重要组成部分，文化的继承和发展是一个民族和一个国家未来命运的基础，所以需要从这样一个层面来认识圣殿的建设。……最近的这一次整修由陕西省院、

图 24–2　黄帝陵圣殿

图 24-3　布达佩斯俯览

西安建筑科技大学等单位开局，而由中建西北设计院以张锦秋院士为首的团队收官，取得了令人满意的成果。

锦秋先生是我的学长，也是我十分熟识和尊敬的前辈。她自 1966 年毕业后即去现中建西北设计院工作，在西安这个十三朝古都辛勤耕耘了四十年……成为我们建筑设计界的佼佼者。……祭祖大殿是她最新完成的作品，其设计特点概括为“山水形胜，一脉相承，天圆地方，大象无形”，这是一种整体把握的体现，是对这样一个具历史性、纪念性、文化性的建筑群体从历史文脉和自然环境的角度出发，进行全局性构想的结果。从轴线的安排、竖向标高的经营、空间的处理、主宾的搭配，以至材料和细部的处理都可以看出她经过几十年的修炼，传统的意蕴和格式早已烂熟于胸，随手拈来皆成文章，所以说这个作品是锦秋先生创作生涯中的又一个亮点是一点也不为过的。……

同时，为了“增加交流，活跃评论”，作为一名建筑师战友，马总也就若干设计细部提出探讨意见：

> 在祭祖大厅的细部处理上我曾和锦秋先生交换过看法。大殿周围36根高4米、直径1.2米的石柱是整块花岗石制成的。我以为如果石柱有收分从视觉美学上会更精彩，当然那样加工会很困难，锦秋先生说他们曾考虑过这点，但后来觉得直上直下更能体现那种粗壮、古朴。

在这里，我们又要再一次感谢马总，他的得心应手的摄影技术给我们记录了圣殿整排的石柱，显示了中国原始文明的“粗壮、古朴”，也象征了中国文化传统的坚实和恒久。

二、高空俯视

在静观中，主体（我）的位置至关重要，而最令人兴奋的莫过于在高空俯视底下的建筑和城市。可惜现在我们的许多机场，都建得远离城市，使我们失去在飞机迫近时看到城市总貌的机会。幸而细心的城市管理当局往往在郊外的高地上开辟一块俯览点，让旅客可以欣赏和摄影。布达佩斯就是如此，我们在这里可以看

图 24-4　今昔加德满都（左：1963年摄；右：2011年摄）

到多瑙河两岸的双城。自然与人文、历史与现代，都展现在你面前。

对笔者来说，更令人激动的还是一次对尼泊尔的重游。1963年笔者初来此地时，加德满都河谷的人口还不是很多，对来自人口密集的中国的人们来说，这里的城市显得比较稀松。当地的房屋多数是单层或二层的，用的是当地土窑焙烧的、用手一掰就分成两截的“砖块”。记得当我们专家组用土窑试烧出第一批“铛铛响”、从二层阳台上向下扔仍然不碎的红砖时尼方官员尼马尔的兴奋状态。他对笔者说：“我哥哥是皇家建筑师，他要在自己设计的皇家旅馆中用这种中国砖。”笔者在尼泊尔得了黄疸肝炎，在项目确定后就回国了，以后没有参加这项工程。

近半个世纪后，当笔者乘坐的飞机又一次降落在加德满都机场时，笔者惊讶地发现这座城市变大了，也“长高”了。虽然没有像国内城市那样地争建“摩天大楼”，但是现在在眼前的大多是三层以上的砖房。在机场和我们逗留的“皇家旅馆”（就是尼马尔所说的“皇家旅馆”），笔者看到了导游所称的鲜红、规整的“中国砖”（“我要盖的房子就准备用这种砖”，他说）。就这么一块小砖，却帮助加德满都容纳了几倍的人口，当我晚上睡在这种砖所盖的客房中时，心中有着说不出的甜蜜滋味。

025 空间的体验

——阅读建筑的方法之二

建筑存在于一定的时（历史时刻与社会背景）、空（地理位置和环境条件）领域。人类一切文化都是在一定的时空内生成的。阅读建筑同时也必然要阅读和理解它的时空背景。

从 20 世纪开始，随着世界各国城市化的进展以及由此产生的诸多问题，人们对"空间"（自然空间、城市空间、建筑空间、生活空间……）以及空间与文化的紧密关系的研究也强化了。我们可以举出欧洲的若干互相独立的学术潮流为例：一是以法国"西方马克思主义"者昂立·勒法布尔（Henri Lefebvre）为中心的"空间生产"理论；另一是以英国伦敦大学等院校为中心的"空间句法"理论；再就是扎哈·哈迪德与帕特里克·舒马赫的空间"自组织"理论。他们从不同角度对"空间"的哲学、社会学、城市与建筑学等多学科的交互中探讨了空间的意义，对城市建设与建筑学都产生了深刻的影响。对这些理论的了解，十分有利于我们阅读城市与建筑，了解它们的文化含义。

就以勒法布尔的"空间生产"理论而言，他在马克思资本再生产理论的基础上，发展了"空间再生产"的理论。在他看来，近代社会的发展，不仅是实物（钢铁、石油、汽车等）的生产和再生产，而很大程度是"空间"的生产和再生产。特别是在大中城市中，财富的积累和扩大，很大程度上取决于空间的合理和高效的利用（也就是说，空间和实物一样，具有使用价值和交换价值）。他的这种理论，对欧美国家中兴起的城市设计起了重大作用。勒法布尔本人与欧洲的建筑师有过紧密的合作关系。他认为：由现代主义大师们提倡的《雅典宪章》（用“功能分区”的原则来规划和改建城市）为资本主义的创新提供了“一种意识、一种规范、一种模型”，“导致对劳工的压制、异化和剥削”。他又指出：这种“空间生产”，产生了城市的“均一化”（千城一面）和“碎片化”（功能分区否定了人们生活的综合性——笔者在《阅读城市》一书中，就对巴西新首都巴西利亚的“好看不好用”做了介绍），并导致“等级化”（贫富隔离）。他特别反对第二次世界大战后在20世纪50—60年代在欧洲（特别是法国）大量出现的“大型住宅小区”（grands ensembles）提出批评，主张采用传统城市中“楼阁”（pavillon）式的住宅类型，让住户可以更充分地体现其个性要求。他的批评不是孤立的，从1960年后期（法国曾出现社会骚动）开始，一些欧亚建筑师在城市住宅设计中，更多地试图体现人性，突出地表现在西班牙建筑师波菲尔、法国建筑师格隆巴、日本建筑师安藤忠雄等的设计中。笔者曾经访问过比利时的新卢汶镇，这是一个1970年建造的新大学城，有200多名建筑师参与，所建造的“楼阁”式住宅各有特色（该项目曾荣获国际建协的阿伯克隆比规划奖）；后来又访问了20世纪80年代在巴黎郊区建造的新城，也很有个性特色（可参阅 Lukasz Stanek：*Henri Lefebvre on Space*，美国明尼苏达大学出版社，2011年出版）。

“空间句法”也是20世纪后期发展的一种新的建筑理论（在本书第11章论及密斯的巴塞罗那德国馆中做过介绍）。它引导人们把建筑设计的注意力从实体转向空间，关注人们在建成的建筑物中移动时的空间感受，从而加深对建筑的文化内涵的认识。（可参阅B·希利尔《空间是机器——建筑组构理论》，中国建筑工业出版社，2008年）。

凡是阅读过哈迪德的建筑作品的人，不管是否赞赏她的风格与手法，无不为她的建筑赋予人们的空间意识而叹服；而经过舒马赫的理论剖析，更加深了我们对她的建筑空间的理解。哈迪德的作品，表现了一种强烈的动态，往往是一种复杂的、连续的空间系列，相互间存在着一种连续性和关联性。她的空间是用电脑和参数设计法所形成的、被舒马赫称为“参数化主义”的“21 世纪国际风格”（可参阅 P. Schumacher: *The Autopoiesis of Architecture, Vol 2-A New Agenda for Architecture*， John Wiley & Sons，2012 年）。

上述的这些空间理论和相应的设计实践给我们阅读建筑与城市提出了新的要求。这就是说：除了上章中所述的静观（捕捉第一印象）之外，更细致、全面的阅读要依赖于读者的运动，即动态的观察。其阅读过程可以是：由总体（包括部分城市）到单体，由室外到室内，视阅读者的时间和兴趣而定。

一、“总体”阅读

从“总体”的角度来阅读和体验空间，就是对建筑所属的群体进行最直接的城市空间的阅读，以考察这个群体是以何种规模、模式和体形等来占有和开拓城市空间的。这种运动又可以区分为漫步和疾驶。在漫步中，人们得以视察建筑所展示的所有细部。以下介绍笔者漫步在尼泊尔加德满都杜巴广场（有大约 300 年历史）的体验。在这里，人的五官都投入了体验，眼睛看到的是一栋栋古庙和周围的人群，鼻子闻到的是祈祷的香味，耳边响着儿童叫卖杂物的声音，脚下踩的是颠簸不平的石路。这里的人们，有的用额负荷着重物而过，有的（妇女）烧香拜佛，有的青年则是闲坐在古庙台阶上消磨时间（据说当地“幸福指数”很高就因为闲人很多）……我在这里目睹一个古老而现代的文化，这是在世界各地都难以见到的。

二、快速运动式阅读

疾驶是在车上（火车、汽车）观看窗外的建筑、城市空间与景观。在这里，建筑的细部已经退出视野，甚至连建筑物本身有时也只能看到局部或瞬息掠过，但我们得到的补偿是一个在漫步中难以捕捉到的总体印象。

a b c d e f g h i j k l

图 25-1 漫步尼泊尔的加德满都杜巴广场的感受

英国有位建筑理论家班纳姆（Reynar Banham）到美国讲学，来到西海岸的洛杉矶，他开始惊讶于这座“没有城市形式的城市”（也就是说，没有或少有通常所谓纪念性或标志性的建筑），但不久就领悟到，“人们只有和它的居民一样，驾车疾驶于它的自由道上，才能理解它的语言……洛杉矶设计、建筑和城市的语言……就是运动的语言。在这里，运动性以一种独特的方式压倒了纪念性，这是他阅读洛杉矶的体会。”（见张钦楠《阅读城市·形散而神不散——洛杉矶》，北京三联书店，2004 年）

笔者也试图从汽车上“阅读”北京的长安街，于是带上自己的傻瓜照相机和手机，用蹩脚的照相技术，在汽车前座拍摄大路两侧的“标志”建筑（从建国门到木樨地），事后观看自己拍的“系列”照片，却得到平时路过所没有的印象：

——北京确实是个动态的城市，从天安门、新华门到新中国成立初期的“十大建筑”，再到“90 后”的“晚期现代建筑”（包括我极其反感的国家大剧院），风格“日新月异”。

——显然北京的城市主管部门对建造在长安街的建筑“把关”很严，给我印象最深的是几乎所有建筑都是“对称性”的（我曾经戏谑地说它们像明陵前的“石人石马”），即使在重要的十字路口四角也是如此（在这一点上，我更喜欢巴塞罗那爱尚普里区的处理，参见高迪的米拉宅第）。虽有此不足，但总的说来，它给长安街赋予一种规整、肃穆的气氛，符合首都城市的氛围。

——然而，我从运动式（由于交通堵塞，无法“疾驶”）阅读长安街的总印象则是北京在“定位”上的失落感（记得十几年前有位电台记者问笔者：你觉得北京最需要解决的是什么？笔者的回答是：定位）。

北京在明清时代是个首都，定位在政治中心。在新中国建立后，它重新成为首都，但是当时的领导站在天安门城楼上，却期望看到一片烟囱，于是开始了一个“破旧立新”的过程，所幸的是国庆十周年由于政治需要，给我们带来了“现代民族性”的“十大建筑”，以后，长安街成为许多政府大楼的落脚点，使它重新具有政治中心的性质。但市场经济的冲击，使北京的定位又重新失落。于是有高大的新北京饭店、不伦不类的东方广场、贵族性的长安俱乐部以及多个银行总部大楼、贸易中心纷纷出现。它反映北京

a b c d e f g h

图 25-2　疾驶北京长安街所见

图 25-2　疾驶北京长安街所见（续）

市领导太希望自己成为无所不有的“中心”，特别是能积累财富的“金融中心”。

其实在笔者看来：北京除政治中心外，首先应当是文化、教育、科学的中心，领先全国在科学和文化创新上发挥优势，成为体现“软实力”的“知识首都”。而现在的长安街却没有带来这个信息，而特别起破坏作用的是那座由一位外国建筑师把自己在日本横滨

图 25-3　环视维也纳分离派建筑组图

海洋中的设计拖上陆地，作为“原创”硬加在中国首都，把几个演艺建筑硬压到地下的“国家大剧院”（唯一可嘉的是它带来的水面）。

三、“单体”阅读

以上介绍的是对一个城市建筑群体空间的阅读和体验。在这里，阅读城市与阅读建筑已交叉在一起。此外，我们还可以用运动的方式对单一的建筑空间进行阅读和体验。下面介绍笔者在维也纳“阅读”其“分离派建筑”的体会。

在本书第 10 章“维也纳的分离派建筑——与什么‘分离’？”中，笔者用环绕一圈（摄影）的方法阅读了这个作为“新世纪号角”建筑的整体与四个立面（加上建筑一侧的雕塑）。在众多庸俗仿古建筑中，它的清秀形象给人唤来了一种新的时代感。我们的主

图 25-4　遇难者纪念堂、碑（左：巴黎集中营遇难者纪念堂；右：华盛顿越战纪念碑）

体在进入内堂之前，不由自主地被它吸引去四周漫步。在这里，简约的立体外形加上清秀的文字和图像装饰就有力地向人们声明了“分离派”的艺术主旨。

以上观察和阅读的是建筑外部的一张“皮”，但它却鲜明地告诉我们“分离”派的创作意图。这是因为，建筑师要向公众显示自己与四周那些庸俗的仿古建筑之不同，所以这张“皮”就显得特别重要，甚至超过它的内部。但是，对多数建筑而言，你要想了解它，就必须进入它的内部。

以色列的一位学者（E. Rosenberg）有专文阐释漫步对认识建筑和文化的意义。她认为建筑和城市空间是“文化的容器”，人们可以有三种模式通过漫步识别文化：作为旅行、作为“改造性遭遇”以及作为“日常的城市实践”。她以华裔建筑师林璎（Maya Lin）设计的美国华盛顿越战纪念碑和法国建筑师 G·H· 潘古孙（G. H. Pingusson）设计的巴黎第二次世界大战集中营遇难者纪念堂为例。二者的共同特点是它们都引导访客进入地下的灵堂，使人感受到一种在另一个世界与死者相会的体验。

四、空间句法

以上实例中所看到的主要是建筑的外观，为了全面阅读和理解一栋建筑，就必须把“漫步”深入建筑内部，从而理解老子所说的“凿户牖以为室，当其无，有室之用”的意义。

最简单和直接的是对自己的居住空间的阅读：古代文人陶渊明在《五柳先生传》中写自己的居室“环堵萧然，不蔽风日……衔觞赋诗，以乐其志”。现代诗人屠岸把自己在北京和平里住宅中 14 平方米的书房取名为“萱荫阁”（纪念自己的母亲），这里的空间无法容纳他拥有的 17 个书柜（被打发到室外走廊上），但他却在其中无倦地写诗、译诗（包括全部莎士比亚诗剧）。这里每一立方厘米的空间都渗透了作者的精神与气节。

在本书的第 2 章（雅典卫城）、第 8 章（维多利亚时代的两座博物馆）、第 11 章（巴塞罗那世博会德国馆）中都讲到室内空间的设计。在卫城的帕提农神庙和伊瑞克提翁神庙中，存在有两种漫步方式：前者是规定性的，人们按预定的路线观摩壁上的浮雕；后者是自由的，人们可以随意地观摩当地的“神物”，在这里，室内空间的布局（句法）提供了完全不同的知觉反应。在维多利亚时代（求知的时代）的两座博物馆中，空间句法又提供了两条截然不同的漫步（求知）路线：一条是“百科全书”式的，人们被强制地沿着科学分类的展品陈列次序来了解岩石的分类和形成历史；另一条是自由式的，人们可以从漫步了解到各学科交互的增添价值。更令人神往的是巴塞罗那世博会德国厅的空间设计：在一个不大的立方体空间内，建筑师只用一两垛隔墙就为漫步其中的访客提供了多变的视觉效应，达到“人过境迁”的效果，从而产生对空间丰富感的体验。笔者把这个设计称为“现代主义建筑的殿堂”，它最佳地显示了建筑师“少即是多”的力量（参见第 11 章及图 11–6）。在这里，阅读者通过运动体验到建筑师对空间的运作，从而也丰富了自己的空间意识。

推荐阅读

1. Lukasz Stanek: *Henri Lefebvre on Space, Architecture, Urban Research and the Production of Theory*, University of Minnesota Press, 2011.
2. Bill Hillier: *Space is A Machine, A configuratuinal Theory of Architecture*, 2007. 中译本: B·希利尔,《空间是机器——建筑组构理论》, 杨滔等译, 中国建筑工业出版社, 2008 年。
3. P. Schumacher: *The Autopoiesis of Architecture, Vol 2-A New Agenda for Architecture*, John Wiley & Sons, 2012。

026 时间的体验
——阅读建筑的方法之三

近年来，在国外的电影和小说中，出现了一种“跨时间旅行”热。人们可以被动地或随心所愿地进出某一个特定的历史时间把自己插入，试图改变人类历史进程。

这当然是一种幻想。然而，我们在阅读城市和建筑时，确实可以进行“跨时间”的阅读，这是另一种运动性的阅读，就是在不同的时间（时代）、对同一个地点的建筑进行观察与阅读，它会给你少有的体验。

第一个例子，就是笔者对上海外滩的“跨时”阅读，把 20 世纪 30 年代（“华人与狗不得入内”的时代）与 21 世纪 10 年代的外滩相比较，能深切地使人体会到“换了人间”的变化。

第二个例子，最使笔者激动的是自己时隔近半个世纪对尼泊尔的两次访问。

第一次是在 1963 年，当时的建筑工程部派笔者参加由外经部组织的综合考察团去尼泊尔商讨中国援助的建设项目。考察团 9 人，有水电、轻工、粮食、建筑等行业的专家（后来有交通专家参加），经过考察和协商，确定的项目主要是一条横跨全尼泊尔的公路、一座小型水电站、一座砖厂和小型办公与仓库建筑。在考察期间，笔者和两位来自湖南的水电专家结下了良好的友谊。我们在首都附近的巴克塔布尔广场有几百年历史的五层大庙的巨型雕塑前留下了照片。此后就各奔东西。

没想到在 2011 年，笔者 80 岁“高寿”时，竟然有机会在去不丹旅游途中，再次来到尼泊尔。这次我们到中部的波塔拉风景区，

a. 20 世纪 30 年代的外滩（取自历史资料）

b. 2013 年的外滩（盛学文　摄）

图 26-1　上海外滩的今昔

图 26-2　在巴克塔普尔五层大庙前

而当年我国援助的水电站正建在这里。我们到达波塔拉已是晚上，尼泊尔的导游向我指出遥远一点光亮说：“这就是你们的水电站。”

笔者不禁想起当年的两位“战友”。时隔近 50 年，人已亡，“站”还在，不禁唏嘘感叹。回加德满都后，我再次来到那五层大庙的雕塑前，一个人留下了自己的照片。再过几年，又有谁会知道我们的存在呢？然而，这次“跨时间”的旅行（运动）却向笔者又一次揭示了“跨时”阅读建筑的美妙。

上述两个阅读例子，都发生在同一个世纪内，它们却产生了不同的时间感受，前者使人从城市和建筑的变样感受到历史的快速节奏；而后者却使人感到建筑的恒久和人生的短促。这正是阅读建筑所带来的丰富效应。

与人类一样，建筑和城市都是有生命的，同样有生老病死，甚至是有感情的：在阴雨中哭泣，在阳光下欢笑。人们生活在城市和建筑中，不管它们何等破旧和简陋，都给人带来一种亲密感。你越是阅读它，就越感受到这种亲密感。

027 联想
——阅读建筑的方法之四

静态和动态观察是我们阅读建筑的基础方法，但不是最终结果。在这个基础上，我们还需要深入建筑的内部本质，这应当是我们阅读的目的，而这在很大程度上得助于“联想”（association）的作用。建筑师的构思，属于形象思维，与工程师习惯使用的逻辑思维是两回事，与艺术创作有相似之处，而阅读者同样可以通过联想来体验建筑的意义。

所谓“形象思维”，就是不通过语言的中介。可以从一个形象直接通达另一个形象，这就是“联想”。联想是人脑的一个重要功能，到目前为止，电脑还不能提供这种功能。然而联想是形象思维的基础，是建筑师构思的基础，也是我们阅读建筑、理解建筑的重要途径。

早在中国魏晋时期，陆机在《文赋》中就生动地写到“联想”：

或因枝以振叶
或沿波而讨源
或本隐以之显
或求易而得难
或虎变而兽扰
或龙见而鸟澜
或妥帖而易施
或岨峿而不安

这里，文人写到从“枝”联想到“叶”，从“波”想到“源”，“隐”想到“显”，“易”想到“难”，“虎”想到“兽”，“龙”想到“鸟”，“妥帖”

想到“岨峿”。有的是相补，有的是相反，都是由形象直接到形象。建筑的构思与阅读，也在很大程度上依赖于此类“联想”。

在笔者所接触的建筑作品中，最能启发自己“联想”的是美国建筑师盖里（F. Gehry）的设计。他的设计，最初是直观的，例如在建筑物边上设置放大的望远镜或鱼；然后就“隐”一些，例如：

1. 位于捷克布拉格的“琴球与弗雷德建筑”（Ginger and Fred Building，1995 年）

建造在横穿城市的伏尔塔瓦河沿岸，在一块第二次世界大战中被炸毁的建筑场地上。它由两个紧挨的筒体组成，一个像男子汉那样竖立，另一个弯曲，好像一位依偎在前者身上的妇女。不用多解释，第二次世界大战前后的电影迷都会从此“联想”起 20 世纪 30 年代先后合演过 6 部音乐电影中的舞蹈演员琴球·罗吉斯和弗雷德·阿斯台尔风靡全球的美妙舞姿。建筑带来的“联想”在人们（特别是中年以上的）心中产生一种难以抑制的怀旧心理，同时也颂扬了歌舞升平的和平时代。建筑的感染力也在于此。

2. 位于美国西海岸西雅图市的“体验音乐中心”（2000 年）

它可以说是盖里“金属（钛合金、不锈钢）曲面碎片组合”

图 27-1　布拉格 G+F 建筑

的“签名”形式的开端。鲜红的曲面金属片包围了建筑的入口前庭，给人以一种剧烈的运动感，人们可以把它“联想”为摇滚音乐的疯狂节奏。

然而，这仅仅是开始，此后（特别是在西班牙毕尔巴鄂的古根海姆博物馆），盖里就借用飞机设计软件来生成谁也无法阐释的“非理性”形体而风靡全球。美国和欧洲许多城市都争相请他设计那种“签名”建筑，包括最高学府（最讲究科学“理性”的麻省理工学院）也邀请他来设计“非理性”的教学楼，认为可以启发科学构思。此时，盖里已经“超越”了“联想”的界限，成为显现非理性的大师（参见本书第 13—14 章）。

此后，盖里的设计进入了一个新阶段，这时，他设计的建筑外形属于“非理性”形态，虽然人们还是试图用“联想”来阐释，

图 27-2　西雅图体验音乐中心

但总是无法实现（参见本书第 13 章），这已经超出“联想”的范围，需“另当别论”了。

就笔者而言，用我国佛教唯识宗的“八识”论来理解形象思维的“联想”作用，可以有所帮助。唯识论是唐朝玄奘从印度带回来的。它认为人有“八识”，分别为眼、耳、鼻、舌、身、心（“意”）、末那、阿赖耶。前五识是人的感官器官接受的感觉（sense），传输到大脑（“心”）以后成为知觉［第六识（perception）］。论者往往把它们合称为“前六识”，这一点与西洋的认识论学说相符；而后面的两识（末那与阿赖耶）则是唯识宗的独创。

第七识“末那”在梵语中的意思是“意”，末那识就是“意识”，但为了不与第六识混淆，就用印度称呼。事实上，第六和第七都是大脑（“心”）的产物，其区别在于第六识更侧重于意识与感官器官（“根”），即前五识的关系，可以说是客观世界对主观的影响；而第七识则更侧重与第八识（阿赖耶识）的结合，可以说是主观世界对客观的影响。因此，在第七识中，“我”处于主导地位。

这就产生了问题：佛教是主张“无我”的，因此在佛教文献中，末那识因为有“我”而往往带有贬义。玄奘的《八识规矩颂》中谈到“染、净、依”，就是说末那识可以是“染”（“恶”），也可以是“净”（“善”），“净”的条件是“无我”，去除“贪、痴、慢、恶见”等“根本烦恼”以及相应的“随烦恼”。然而，今天我们谈阅读建筑与建筑创作，却必须强调“我”的作用，所以就与唯识论的正统阐释处于对立的立场。

然而，我们仍然可以从唯识论的第八识取得启发。它在梵语中为“阿赖耶”，亦称种子识或藏识，它的核心内容可以用以下的程序式表示：

种子→熏习→现行

第八识的“种子”，指的是我们接触事物后在大脑中留下的单项记忆或印象，它们就像植物种子一样，是潜在的，有“生发”的功能。在外界的“熏习”下，会发生变化，生成新的“种子”，也叫“现行”。唯识论对“种子”、“熏习”、“现行”作了多种分类。如种子有外种、内种之分，它们都具有：刹那灭、果具有、恒随转、性决定、待众缘、引自果等条件；熏习有能熏与所熏之分。内容十分丰富，我们在这里只取其最基本的内容。

用现代的词汇来说，可以把第八识理解为一个电脑的数据库（藏）或“形象库”。它把我们在自己所观察的各种建筑印象（连同在第六、第七识中所掌握的本质和意境）储存在潜意识中。在外界的“刺激”下，这些“种子”与外界条件发生相互作用而发生变化，成为新的“种子”（现行），建筑师创意的就是这种“现行”。

举例来说：我们在第二次世界大战前夕欣赏过罗杰斯（Ginger Rogers）与阿斯泰尔（Fred Astaire）的舞蹈电影，在脑中留下美好的记忆（种子）。现在，我们在布拉格街道上看到盖里设计的G+F建筑，它的形象使我们“联想”起当年看过的电影，以及战前的和平时日，从而在建筑中体验到一种新的、经过“熏习”的“种子”（“现行”）。这个“现行”使我们懂得建筑师的手法，因而能在他的其他设计（例如西雅图的体验音乐中心）中运用“联想”的作用，达到新的理解。这也是我们常说的“形象思维”，即不需要通过语言就直接地从一个“形象”“联想”到另一个“形象”的思维与创作和阅读方法。从这个意义来说，唯识论丰富了我们的思维能力，并且向我们提供了用电脑辅助形象思维的途径。

028 人际交互（对话）
——阅读建筑的方法之五

前几章谈到的四种阅读方法，实际上是佛教唯识论中的“八识”的“变相”综合应用，是以阅读者为主体的一种体验运动。然而，与诗画一样，阅读者主要依赖自己的主观感受去理解和阐释作品；但在很多场合，特别是当你对某一建筑发生浓厚的兴趣时，你就有愿望更多地了解它的背景和创作意图，于是就产生与作者（或第三人）对话的需求。

笔者与西萨·佩里（Cesar Pelli）的“对话”就是如此。初次认识他是在1987年，当时阿根廷国家艺术与通信中心（CAYC）主任荷盖·格鲁斯堡邀请刘开济和笔者去布宜诺斯艾利斯参加他

图 28-1　佩里父子、格鲁斯堡、笔者在阿根廷合影

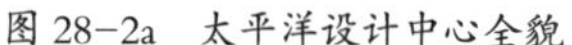

图 28-2a　太平洋设计中心全貌

图 28-2b　太平洋设计中心（蓝鲸）

所组织的国际建筑师论坛，从而结识了佩里。他出生于阿根廷，在美国伊利诺伊就学，毕业后在沙里宁事务所工作，1964 年入美国籍，曾任耶鲁大学建筑系主任，并有自己的建筑设计事务所。那时美国的建筑师有灰、白、银三派。灰派是以文丘里为代表的“后现代派”，主张尊重历史、传统和文脉（其理论深得吾心，但其作品却接受不了）；白派是以迈耶等“纽约五”为代表的“近现代派”（我国文献把 late modernism 翻译为“晚期现代主义”，笔者并不认同，因为现代主义远未到晚期，他们继承正统的现代主义，而又有发展，但不尊重传统，应当翻译为“近期现代主义”）；银派以佩里为代表，既尊重现代主义的创新原则，又尊重历史文脉和传统，很配笔者胃口。加上佩里为人友好热情（阿根廷传统）、平易近人，虽然身负盛名，却没有丝毫架子。笔者于是斗胆地向他提出在中国出版介绍他的设计观念和作品的建议，他欣然同意。会后就寄来相关的文字与图片资料，笔者邀请武汉的艾定增教授和他的助手执笔编著，由中国建筑工业出版社（彭华亮为责任编辑）出版。此后，格鲁斯堡还两次再邀请笔者去参加他们的国际论坛，使笔者有机会接触不少国际建筑界名流和青年建筑师，也每次都遇到佩里（和他的建筑师儿子），又有一次在伦敦的一个设计方案评审会上相遇，所以对他的新设计和文章有跟踪性了解，就等于有了“对话”。

图 28-3a　莱斯大学赫林馆

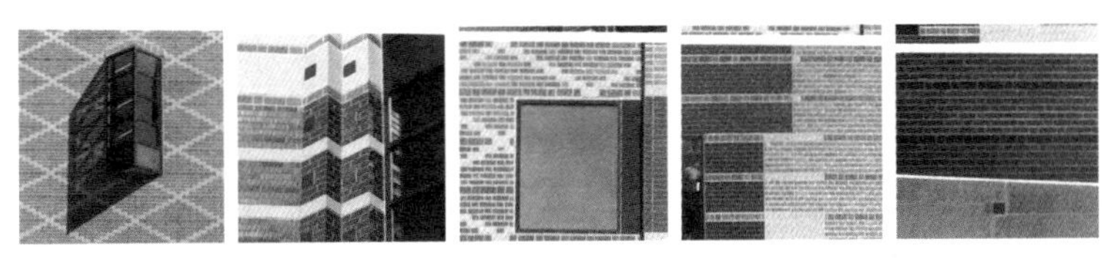

图 28-3b　多种石质表皮的各种形态

图 28-4a　纽约世界金融中心全貌

图 28-4b　纽约世界金融中心四季厅

对他在20世纪设计动荡时期的思想和作品，笔者最为认同的有：

一、洛杉矶太平洋设计中心

这是一个分期建设的综合项目，最后建成有蓝、红、绿三个玻璃建筑，最初建成的“蓝鲸”是给他带来“银派”称号的代表作，而富有历史意义的是他在这里开拓了以玻璃幕墙为要素的“表皮建筑学”。

二、莱斯大学赫林馆和学生中心

在这个极其尊重传统的校园中，佩里发展了“表皮建筑学”的应用范围，用石质和彩砖幕墙代替了玻璃。

三、纽约世界金融中心

它位于雅玛萨基的世界贸易中心的南面，紧靠曼哈顿的南岸。它的建成，振兴了曼哈顿南岸的整体开发，成为城市设计的一个典范。群体的中心是生态性的冬季花园，更具有前瞻性。在这里，佩里除玻璃外，还采用了薄片花岗石墙板。

[佩里自述：

我在埃罗·沙里宁处实习之后，1964年被聘为洛杉矶DMJM（Daniel，Mann，Johnson and Mendenhall）公司的设计部主任。对我来说这是个关键时刻，因为我正要检验自己的翅膀是否已经足以独立飞翔，并了解时局的发展趋势。安东尼·伦姆斯顿同意与我一起离开沙里宁事务所，前往DMJM公司并担任设计部的副主任……我在学校里学到对结构的真实表达是美的建筑的基本特征。以后，我又认识到：它是我们建筑与时代最强烈的纽带，不论采用何种风格。这个信念贯穿于我整个职业生涯。

我参加DMJM开始产出自己的设计时，就面临投资的限制、进度的紧迫以及业主对我期望精细处理以达到我赞美的建筑品位的极少支持。这种环境，加上我对结构与现代性理论的兴趣，促使我和伦姆斯顿重新考虑薄型围护墙的性质及其艺术前景。1965 年，我们以一定的冒险精神设计了雕塑型的联邦总服务局大厦……采用反射玻璃和铝合金板，但由于资金短缺……未能达到我们的设计意图。

我们第二个薄型围护墙的尝试是全玻璃的，设计方案谦逊、经济、成功。这就是 1966 年设计、1969 年建成的世纪城医疗中心，我相信它是第一座从地面到天际线全部用方格玻璃的纯立柱型摩天大楼。设计利用了比较新型的经济产品：陶瓷覆面玻璃。我们在窗面用彩色玻璃，而在其他表面则用与窗色匹配的陶瓷覆面玻璃。玻璃支撑在最薄、最细的窗间柱上，（而密斯设计的里弗大厦）用的则是表现结构与秩序的厚型支柱。……

……1975 年设计的洛杉矶太平洋设计中心使我得以把用二维表面定义三维体积的观念又推进一步。它（充分）利用方格的智性秩序和玻璃表面上变幻反射的效果。陶瓷覆面玻璃所采用的深蓝色对人的感官产生瞬时的作用，打破了建筑的视觉平衡，使建筑形式更为有力而又易于接近。人们很快给它取了“蓝鲸”的绰号。后来我又设计了一栋绿色大厦（1988 年竣工）作为它的伴侣，并计划再建一栋红的，以完成这个组合。

……莱斯大学的赫林馆用砖面层包络；纽约市的世界金融中心（1987 年）用的是预装配的石质与玻璃板。我在选用各种不同的材料并试图让它们表现薄维护墙中取得（创作）的愉悦……。

（以上取自佩里《观察——赠青年建筑师》，美国蒙纳彻里出版社，1999 年）]

“人如其建（筑），建（如）其人”。佩里始终认为投资与材料不是限制，而是挑战与机会，他总是在有限的投资及建设条件中通过创新取得设计的成功，并从中取得职业的喜悦。笔者在他身上看到一位在复杂的市场经济竞争中坚持高超的职业道德的建筑师和艺术家，并且在阅读他的建筑中取得相应的喜悦。

到 20 世纪末期，佩里已在超高层建筑设计上享有盛名，他的作品已经延伸到伦敦、吉隆坡、香港等地，每栋高楼都有自己的个性（笔者在一部记录电影中看到他在查尔斯王储锐利的批评面前保持微笑的沉默）。他在 1995 年荣获美国建筑师学会的金奖。我们的“对话”却逐渐还原到每年互寄圣诞贺卡而已。然而，他所坚持的“以制约为挑战”的信念，却对笔者树立了一个建筑师的职业道德品质标准，使我终生难忘。

推荐阅读

Cesar Pelli: *Buildings and Projects, 1965-1990*，Rizzoli，1990.

小结

029 ——

静观（摄影、高空俯视）、运动（漫步、疾驶、跨时）、联想……是笔者试图用现象学来阅读建筑的几个主要方法；而与创作者的对话，却超越了现象学的范围，而进入实证派的领域。

当然，要阅读建筑、理解建筑，应当绝不止这几种方法。笔者也试图探讨其他途径，特别是想用佛学中禅宗的“顿悟”法，却没有取得成功。

笔者开始以为，禅宗的“顿悟”与现象学有共同点：它们都依靠直觉和潜在意识来领会事物的本质。然而，笔者很快就发现禅宗的“顿悟”要求人们处于一种“无我”/“无物”的境界（“菩提本无树 / 明镜亦非台 / 本来无一物 / 何处惹尘埃”），而现象学却强调“有我”/“有物”——“我”处于主导地位，二者绝不兼容，既然摆脱不了“有我”，“我”也无缘达到“顿悟”。

然而，在探讨“顿悟”的过程中，笔者却有个意外收获，即意识到“第一印象”的作用。按照分析逻辑，“第一印象”往往是原始的、粗糙的、片面的，因而是不可靠的。但事实上，这种原始的印象，却往往让人们更接近本质，而在进一步的“理性”分析中，这种“顿悟”却可能由此消逝。因此，笔者总是强调在阅读城市与建筑的时候，一定要捕捉和保留自己的“第一印象”，也是这样考虑的。

另外，笔者也试图从佛教唯识宗的“八识”论来理解建筑，特别是形象思维的规律（参见第 27 章）。这里也产生同样的问题：佛教是主张“无我”的，因此在佛教文献中，末那识因为有“我”

而往往带有贬义。今天我们谈阅读建筑与建筑创作，却必须强调“我”的作用，所以就与唯识论的正统阐释处于对立的立场。但是笔者理解：佛教中贬低“我”，是反对贪婪、自私；如果我们坚持应有的职业道德，例如佩里那样把投资、材料等的限制看作挑战，用创新设计实现设计的高效益，是否也可以运用末那识来做好设计呢？也可以说，我们是用某种程度的“变相”来应用唯识论的“八识”。

总之，阅读建筑的方法可以有很多，除了以上介绍的几种方法之外，我们总还是可以从其他方面的经验来丰富我们的阅读方法。

不管怎样，只要你对阅读建筑有兴趣，读粗读细，读深读浅，读里读外，都会给你极大的乐趣，使生活变得更有意义。

插图目录

后记

本书中罗列了笔者对20余栋国内外建筑的“阅读”体会，除了二三栋是“纯书本”的阅读外，其余的都是笔者直接观察和体验过。它们跨越了历史的各个时代，也遍布在世上各个地域。对它们的阅读帮助笔者理解世界和中国的历史和文化，同时取得了建筑美的享受。

在拙作《阅读城市》（北京三联书店，2004年）中，笔者总结了自己“阅读”城市的方法，归纳为“三个拿来”，但它们并不适用于建筑。城市和建筑的差别，就像经济学中的宏观与微观那样，要用完全不同的方法去学习与理解。在本书中，笔者归纳了自己用现象学原理阅读建筑的几种方法，提供读者参考，希望得到读者的批评指正。

家祖父在总结读《诗经》的体会时，指出读诗要了解作诗人、采诗人和赋诗人，这就是著作、采编和欣赏者。前者代表个人，中者代表社会，后者代表群众。我们也可以说，阅读建筑需要了解其设计建造者（建筑师）、投资者（业主）和使用者（用户）。事实上，后者绝不是被动的，他（她）在使用中不断给建筑赋予新的内容和性格。随着时间的流逝，使用者的作用越来越大，在阅读比较古老的建筑时特别需要注意。

笔者衷心希望本书能引起读者对阅读建筑的兴趣。和阅读城市一样，我们不需要成为“专家”才能阅读，正如一个普通的读者不一定需要成为作家一样。有时，“凡人”的阅读可能看到些专家们所没有看到的事物。

感谢中国建筑工业出版社董苏华编审等的指导与帮助。

（注：本书中照片除特别注明者外，一般均由笔者用傻瓜照相机所摄，水平有限，请读者原谅。）

2013 年 8 月（时年 82 岁）